“十二五”职业教育国家规划立项教材

机械装配基本技能

主　编　徐　刚
副主编　夏宇平
参　编　刘　锋　朱云飞
主　审　葛金印

机械工业出版社
CHINA MACHINE PRESS

本书是经机械工业出版社职业教育教材审定委员会审定的“十二五”职业教育国家规划立项教材，是根据教育部最新公布的中等职业学校相关专业教学标准，同时参考装配钳工职业资格标准编写的。本书以C6136A型卧式车床为主要载体，依据真实的工作过程，内容包括认识机械装配、了解C6136A卧式车床、C6136A卧式车床主轴箱的拆装、C6136A卧式车床溜板箱的拆装、卧式车床几何精度的检验与调整五个项目，各个项目内容相对独立而又相互关联，并按知识、技能、工具、态度及安全等内容与职业岗位相对应，从而可以根据学生的水平、实训基地的条件及专门化设置方向和企业的用人需求灵活组织教学。本书内容丰富，详简得当，内容体系符合现代职业教育理念。

本书可作为中等职业学校机械类专业教材，也可作为装配钳工岗位培训教材。

为便于教学，本书配套有相关教学资源，选择本书作为教材的教师可来电（010-88379197）索取，或登录 www.cmpedu.com 网站，注册后可免费下载。

图书在版编目（CIP）数据

机械装配基本技能/徐刚主编. —北京：机械工业出版社，2016.6（2024.7重印）
“十二五”职业教育国家规划立项教材
ISBN 978-7-111-53623-9

Ⅰ.①机… Ⅱ.①徐… Ⅲ.①装配（机械）-中等专业学校-教材
Ⅳ.①TH16

中国版本图书馆CIP数据核字（2016）第084884号

机械工业出版社（北京市百万庄大街22号　邮政编码100037）
策划编辑：王佳玮　责任编辑：王莉娜　王佳玮　安桂芳
责任校对：张玉琴　封面设计：张　静
责任印制：常天培
北京机工印刷厂有限公司印刷
2024年7月第1版第4次印刷
184mm×260mm · 8印张 · 190千字
标准书号：ISBN 978-7-111-53623-9
定价：28.00元

电话服务
客服电话：010-88361066
　　　　　010-88379833
　　　　　010-68326294

网络服务
机　工　官　网：www.cmpbook.com
机　工　官　博：weibo.com/cmp1952
金　书　网：www.golden-book.com
机工教育服务网：www.cmpedu.com

前言

本书是根据教育部《关于中等职业教育专业技能课教材选题立项的函》（教职成司［2012］95号）及教育部最新公布的中等职业学校相关专业教学标准，由全国机械职业教育教学指导委员会和机械工业出版社联合组织，同时参考装配钳工职业资格标准编写的“十二五”职业教育国家规划立项教材。

本书主要介绍机械装配中各种常用工具和量具的正确使用方法、机床典型部件的基本结构和工作原理，以及机床典型部件的拆装规范和工作过程，重点强调培养学生具备常用通用机械结构与维护，常用通用机械装配与调试的基本理论、工作知识和基本工作能力。本书在编写过程中力求体现以下的特色：

① 执行新标准。本书依据最新教学标准和课程大纲要求、对接装配钳工的职业标准和通用机械装配的岗位需求。

② 体现新模式。本书采用理实一体化的编写模式，以真实的工作项目为载体、具体的工作任务为导向，突出“做中教，做中学”的职业教育特色。

本书在内容处理上主要有以下几点说明。

① 本书采用理实一体化的教学模式，以项目教学法为主要教学方法。

② 本书建议由具有“双师型”资格的教师任教。

③ 在教学过程中要注重以任务为引领，积极营造职业情境，充分运用信息化的教学手段，不断激发学生的学习兴趣。

④ 注重将职业素养养成教育和安全文明生产教育贯穿于整个教学过程中。

⑤ 本书的建议学时为30学时，学时分配建议见下表。

序号	项　　目	任　　务	建议学时
1	项目一　认识机械装配	任务一　认识机械装配基本方法	2
		任务二　认识和使用常见拆装工具	2
		任务三　认识和使用常用量具	2
2	项目二　了解C6136A卧式车床	任务一　认识C6136A卧式车床的结构	2
		任务二　认识C6136A卧式车床的传动系统	4
3	项目三　C6136A卧式车床主轴箱的拆装	任务一　C6136A卧式车床主轴箱的拆卸	6
		任务二　C6136A卧式车床主轴箱的装配	6
4	※项目四　C6136A卧式车床溜板箱的拆装	任务一　C6136A卧式车床溜板箱的拆卸	（6）
		任务二　C6136A卧式车床溜板箱的装配	（6）
5	项目五　卧式车床几何精度的检验与调整	任务一　熟悉机电设备装调与卧式车床几何精度要求	2
		任务二　C6136A卧式车床几何精度的检验与调整	4
合计			30(42)

注：“※”为选学项目。

全书由江苏省靖江中等专业学校徐刚担任主编，具体编写分工如下：江苏省靖江中等专业学校徐刚编写项目一与项目二、三部分内容，盐城机电高等职业技术学校朱云飞编写项目二的主要内容，江苏省靖江中等专业学校刘锋编写项目三的主要内容，江苏省靖江中等专业学校夏宇平编写项目四、五。本书由中国职业教学会数控研究分会秘书长、全国职业院校技能大赛首席专家葛金印教授担任主审。本书经机械工业出版社职业教育教材审定委员会审定，评审专家对本书提出了宝贵的建议，在此对他们表示衷心的感谢！编写过程中，编者参阅了国内出版的有关教材和资料，在此一并表示衷心感谢！

由于编者水平有限，书中不妥之处在所难免，恳请读者批评指正。

编　者

目　录

项目一

认识机械装配

项目描述

机械装配就是按照设计的技术要求来实现机械零件或部件的连接，并将机械零件或部件组合成机器的过程。机械装配是机器制造和修理的重要环节，特别是对机械修理来说，由于提供装配的零件有别于机械制造时的情况，使得装配工作更具有特殊性。装配工作的好坏对机器的效能、修理的工期、工作效率和成本等都起着非常重要的作用。

本项目是指导机械装配实践操作的理论基础，主要阐述机械装配工作的重要性、常见机械零件的装配内容及方法、装配工具及量具的使用、装配过程、生产组织、装配精度、工艺规程、安全和文明生产等内容。

任务一　认识机械装配基本方法

任务描述

通过对机械装配基础理论的学习，初步了解机械装配的常用方法，熟悉机械装配的工艺规程，熟悉机械装配的工作要求及工作程序，了解机械拆装安全和文明生产操作规程。

知识链接

一、装配

装配是指根据规定的技术要求，将零件或部件进行配合和连接，使之成为半成品或成品的过程。机器的装配是机器制造过程中最后一个环节，它包括装配、调整、检验和试验等工作。

装配过程是一种工艺过程，通过装配能使零件、套件、组件和部件间获得一定的相互位置关系。常用的装配工艺有：清洗、平衡、刮削、螺纹连接、过盈配合连接、胶接及校正等。此外，还可应用其他装配工艺，如焊接、铆接、滚边、压圈和浇注连接等，以满足各种不同产品结构的需要。装配过程一般可分为组件装配、部件装配和总装配。

（1）组件装配　将两个以上的零件连接组合成为组件的过程。例如，由轴、齿轮等零件组成的传动轴的装配（图 1-1）。

（2）部件装配　将组件和零件连接组合成为独立机构（部件）的过程。例如，蜗杆副的装配（图 1-2）。

图 1-1　组件装配

图 1-2　部件装配

（3）总装配　将零件、组件和部件连接组合成为整台机器的过程。例如，卧式车床的装配（图 1-3）。

二、认识装配方法

装配方法是指达到零件或部件最终配合精度的方法。为了保证机器的工作性能，在装配时，必须保证零件之间、部件之间要达到规定的配合要求。根据产品的结构和生产的条件及生产批量的大小，所采用的装配方法也不相同。装配方法可分为完全互换法、选配法、修配法及调整法。

图 1-3　总装配

1. 完全互换法

完全互换法指在同类零件中任取一件，就可以装配成符合要求的机器或产品的装配方法。装配精度是由零件本身的精度来保证的。完全互换法的特点：

1）装配操作简单，容易掌握，生产率高。

2）便于组织流水作业。

3）零件更换方便。

2. 选配法

选配法也称为分组装配法，是将尺寸相当的零件进行装配，来保证配合精度的装配方法。在装配前，注意要把零件按尺寸分组，然后将相对应的各组零件进行装配。如活塞销与活塞销座孔的装配（图 1-4）。

选配法的特点：

1）经过分组后零件的配合精度高。

2）增加了对零件的测量分组工作，并需要对零件进行分类储存管理。

3. 修配法

修配法指在装配过程中，用修去某配合件上预留量的方法来消除误差积累，使配合零件达到规定的装配精度的装配方法。如机床溜板的铲刮修配（图 1-5）。

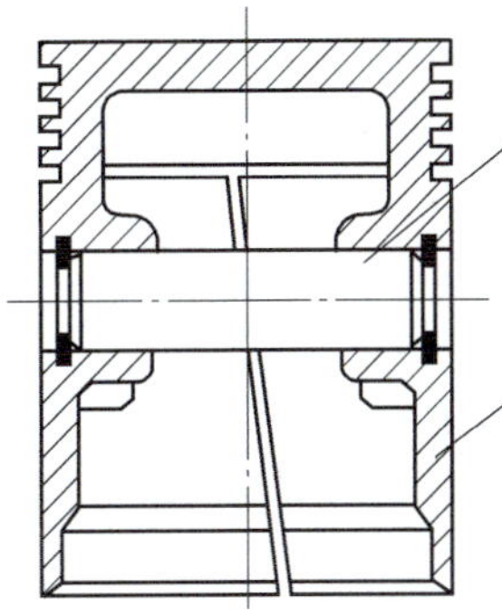

图 1-4　活塞销与活塞销座孔的装配

1—活塞销　2—活塞

图 1-5　铲刮修配

修配法的特点：

1）提高装配精度，适当降低零件精度。

2）适用于单件小批量生产。

4. 调整法

装配时，通过调整一个或几个零件的位置来消除零件之间的误差积累，达到装配的要求。

调整法的特点：

（1）能获得很高的装配精度　在装配时，调整法是利用可动调整件进行调整，这种调整可根据实际情况进行变化，以达到所要求的装配精度，如可以改变垫片的厚度调整其间隙来达到要求；又如二维工作台丝杠螺母与滑板的间隙调整，通过塞尺测出螺母与滑板的间隙，中间垫上适当厚度的垫片，然后拧紧螺钉达到装配要求，如图 1-6 所示。

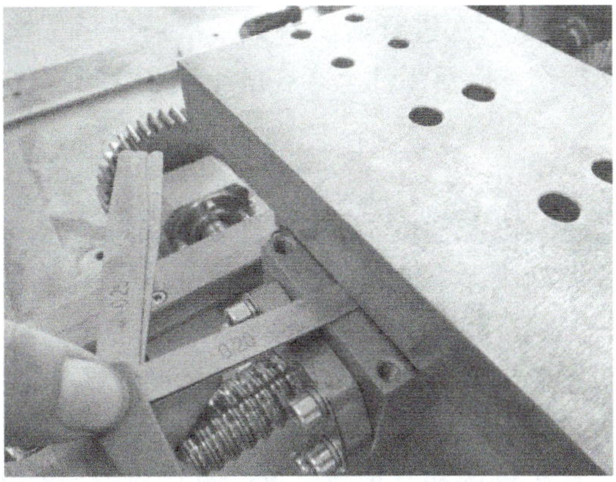

图 1-6　用塞尺测螺母与滑板间隙

（2）装配速度快　调整法装配是采用更换某个零件进行调整的方法，这些调整零件都是事先准备好了的，可随时根据需要更换，它无须如同修配法那样要现场修配，而现场修配是需要耗费很多工时的，因此，调整法装配的速度比修配法要快得多。

（3）装配时的技术含量较低　由于事先将加工好的零件进行更换来装配，无须现场对某些零件进行处置，因此较易达到装配要求。

（4）零件可按经济精度要求加工　由于装配时由调整件来闭合装配链，对其他零件的加工要求可以放宽，这样也就提高了生产率，节省了时间。

但是，调整法装配也有不足之处，它需要事先准备好调整件，这样会增加零件的数量，增加制造费用；在应用可动调整件时，往往要增大机构的体积等。

三、装配工艺过程

装配工艺过程是指规定装配全部零件、部件和整个产品的过程，包括该过程中所使用的设备和工夹辅具等技术文件。装配工艺过程一般由以下三个部分组成：

1. 装配前的准备

1）研究产品装配图、工艺文件及技术资料，了解产品的结构，熟悉各零、部件的作用、相互关系和连接方法。

2）确定装配方法，准备所需要的工具。

3）对装配的零件进行清洗，检查零件的加工质量，对有特殊要求的零件要进行平衡试验或压力试验。在装配过程中，零件的清洗与清理工作对提高装配质量、延长设备的使用寿命具有十分重要的意义，特别是对轴承、液压元件、精密配合件、密封件和有特殊要求的零件更为重要。

清洗与清理的注意事项：

1）对于橡胶制品零部件，如密封圈、密封垫等，严禁使用汽油进行清洗，以防发胀变形，应使用酒精或清洗剂进行清洗。

2）清洗滚动轴承时，不能采用棉纱进行清洗，防止因棉纱进入轴承内而影响轴承的精度。

3）清洗后的零件，应待零件比较干燥后，再进行装配。注意：零件清洗后，不能放置过长时间，防止灰尘和油污再次将零件弄脏。

4）有些零件在装配时应分两次进行清洗。第一次清洗后，检查零件有无碰伤和拉伤，齿轮有无毛刺，螺纹有无损伤。应对零件上存在的毛刺和轻微碰伤进行检查修整，再进行第二次清洗。

2. 装配工作

对比较复杂的产品来说，其装配工作分为部件装配和总装配。

（1）部件装配　凡是将两个以上的零件组合在一起，或将零件与几个组件组合在一起，成为一个装配单元的装配工作，都可以称为部件装配。

（2）总装配　将零件、部件及各装配单元组合成一台完整产品的装配工作称为总装配。

3. 调整、检验和试车

（1）调整　调节零件或机构的相互位置、配合间隙及结合面的松紧等，使机器或机构工作协调。

（2）检验　检验机构或机器的几何精度和工作精度等是否达到相关标准。

（3）试车　试验机构或机器运转的灵活性、振动情况、工作温度、噪声、转速及功率等性能参数是否达到相关技术要求。

（4）喷漆、涂油和装箱　机器装配完毕后，为了使其外表美观、不生锈和便于运输，还要进行喷漆、涂油和装箱等工作。

四、装配工作的要求

1）装配时，应检查零件与装配有关的形状和尺寸精度是否合格，检查有无变形、损坏等，并应注意零件上的各种标记，防止错装。

2）固定连接的零部件，不允许有间隙。活动的零件应能在正常的间隙下灵活、均匀地按规定方向运动，不应有跳动。

3）各运动部件（或零件）的接触表面，必须保证有足够的润滑，若有油路，则必须畅通。

4）各种管道和密封部位，装配后不得有渗漏现象。

5）试车前，应检查各个部件连接的可靠性和运动的灵活性，各操纵手柄是否灵活和手柄是否在合适的位置；试车时应从低速到高速逐步进行。

五、装配程序

装配工作必须按一定的程序进行，装配程序一般应遵循如下原则：

1）先装下部零件，后装上部零件。

2）先装内部零件，后装外部零件。

3）先装笨重零件，后装轻巧零件。

4）先装精度要求较高的零件，后装一般精度的零件。

正确的装配程序是保证装配质量和提高装配工作效率的必要条件。装配时应注意遵守操作要领，即不得强行用力和猛力敲打，必须在了解结构原理和装配顺序的前提下，按正确的位置和选用适当的工具、设备进行装配。

六、装配环境

为保证机械产品的装配质量，有时要求装配场所具备一定的环境条件，如装配高精度轴承或高精度机床（如坐标镗床、螺纹磨床等）的环境温度必须保持在（20±1）℃恒温；对于装配精度要求稍低的产品，装配环境温度的要求可相应降低，如按季节变化，规定夏季为（23±1）℃、冬季为（17±1）℃，这样既可保证装配精度，又可节约能源。装配环境的湿度一般要求为45%～65%。有些特别精密产品的装配对空气净化程度有特殊要求，如超精微型轴承的装配要求空气中含大于0.5μm尘埃的平均数不得多于3个/L。

七、机械拆装安全和文明生产操作规程

1. 机械拆装实习学员实习守则

1）实习前按规定穿戴好工作服，依次有序地进入实习场地。

2）实习前做好充分准备，了解实习的目的、要求、方法与步骤及实习应注意的

事项。

3）进入实习实训室必须按规定就位，按照实习指导教师的要求进行实习。

4）保持实习实训室的安静、整洁，不得吵闹、喧哗，不得随地吐痰及乱扔垃圾，与实习无关的物品不得带入实习实训室。

5）实习前首先核对实习用品是否齐全，如有不符，应立即向实习指导教师提出补领或调换。

6）爱护实习仪器及设备，严格按照实习规程使用仪器和设备，不得随便乱拆卸。

7）实习时按实习指导书的要求，分步骤认真做好各项实习内容，并做好实习记录，填写实习报告书。

8）拆下的零部件要摆放有序，搬动大件时务必注意安全，以防砸伤人及机件。

9）注意安全，如实习中发现异常，应立即停止实习，及时报请实习指导教师检查处理。

10）实习结束后，应清洁场地、设备，整理好工位，清点并擦净工、量具并放回原处，方能离开实习场地。

2. 机械拆装操作安全须知

1）注意将待拆卸设备切断电源，挂上“有人操作，禁止合闸”的标志。

2）设备拆卸时必须遵守安全操作规则，服从指导人员的安排与监督。认真严肃操作，不得串岗操作。

3）需要使用带电工具（手电钻、手砂轮等）时，应检查是否有接地或接零线，并应配戴绝缘手套，穿着胶鞋。使用手持式照明灯时，电压应低于36V。

4）如需要多人操作，必须有专人指挥，密切配合。

5）拆卸中，不准用手试摸滑动面、转动部位或用手试探螺孔。

6）使用起重设备时，应遵守起重工安全操作规程。

7）试车前要检查电源连接是否正确，各部位的手柄、行程开关、撞块等是否灵敏可靠，传动系统的安全防护装置是否齐全，确认无误后方可开车运转。

8）试车规则：空车慢速运转后转速逐步提高，运转正常后，再带负荷运转。

任务实施

一、认识装配

1. 机器的装配是机器制造过程中最后一个环节，它包括__________、__________、__________、__________等工作。

2. 根据产品的结构和生产的条件及生产批量的大小，所采用的装配方法也不相同。装配方法可分为__________、__________、__________及__________四种形式。

二、认识装配工艺过程

1. 装配工艺过程一般由三个部分组成，即装配前的准备、__________、__________。

2. 装配工作必须按一定的程序进行。请将装配程序一般应遵循的原则填入表1-1。

表 1-1　装配程序

先装	后装
先装	后装
先装	后装
先装	后装

任务评价

表 1-2　现场记录表

姓名：________　　学号：________

班级：________　　任务名称：________

序号	检测项目	自测	小组检测	教师检测	配分	得分
1	简述机械装配的定义				10	
2	简述装配工作的重要性				10	
3	讲述机械装配常用方法				30	
4	讲述机械装配工作的具体要求				20	
5	简述装配工艺过程				10	
6	清洗与清理的注意事项				10	
7	简述机械拆装安全和文明生产操作规程				10	
合计						

时间	开始时间		结束时间	

知识拓展

一、装配技术简史

装配技术是随着对产品质量要求的不断提高和生产批量的增大而发展起来的。在机械制造业发展的初期，装配多用锉、磨、修刮、锤击和拧紧螺钉等操作，使零件配合和连接起来。18 世纪末期，随着产品批量的增大和加工质量的提高，出现了互换性装配。例如，1789 年，美国的 E. 惠特尼制造了 1 万支具有可以互换零件的滑膛枪，依靠专门工夹具使不熟练的童工也能从事装配工作，工时大为缩短。19 世纪初至中叶，互换性装配逐步推广到时钟、小型武器、纺织机械和缝纫机等产品。在互换性装配发展的同时，还发展了装配流水作业。在 20 世纪出现了较完善的汽车装配线，以后，进一步发展成为自动化装配。

二、装配技术发展趋势

机械装配的一般发展方向是：

1）根据生产批量改进产品的结构设计，以改善产品的装配工艺性。

2）应用大功率超声波清洗技术和装置有效地清洗大型零件，以提高产品的清洁度。

3）推广和提高胶接技术，发展光孔上丝（螺钉直接拧入光孔）、无孔上丝（不需另加工孔，螺钉直接拧入连接件）等加工与装配相结合的新工艺。

4）在检测和校正工作中，推广应用光学、激光等先进技术，以提高产品质量及其稳定性。

5）提高装配工作的机械化及自动化程度。

思考与练习

1. 简述装配工作的重要性。
2. 列举机械装配常用方法。
3. 列举机械装配工作的具体要求。

任务二　认识和使用常见拆装工具

任务描述

通过对常见拆装工具的认识与使用训练，基本了解常见拆装工具的种类与使用场合，按规范使用常用拆装工具；培养环保意识、安全意识及团队意识，自觉保持工作场所的整洁。

知识链接

一、认识常用拆装工具（表 1-3）

表 1-3　常用拆卸工具

名称及简介	示意图或实物图
（1）锤子　锤子是用来敲击的工具，有金属锤和非金属锤两种。常用的金属锤有钢锤和铜锤两种，常用的非金属锤有塑胶锤、橡胶锤、木锤等。锤子的规格是以锤头的重量来表示的，如 0.5lb、1lb 等	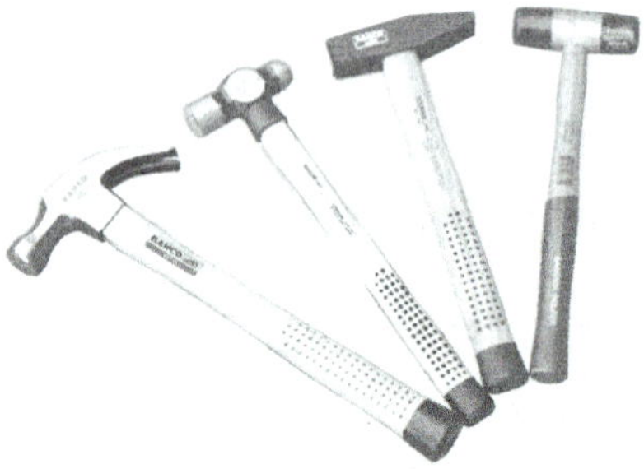
（2）螺钉旋具　其主要作用是旋紧或松退螺钉。常见的螺钉旋具有一字形螺钉旋具、十字形螺钉旋具和扭力螺钉旋具三种	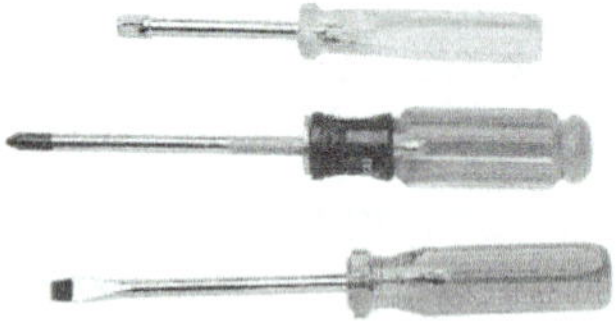 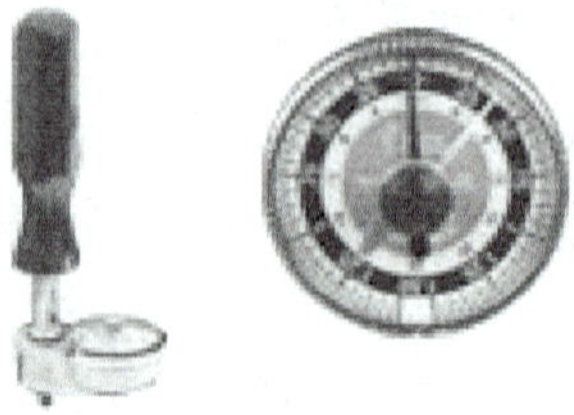

（续）

名称及简介	示意图或实物图
(3)呆扳手　呆扳手主要用来旋紧或松退固定尺寸的螺栓或螺母。常见的呆扳手有单口扳手、梅花扳手、梅花开口扳手及开口扳手等。呆扳手的规格是以钳口开口的宽度标识的	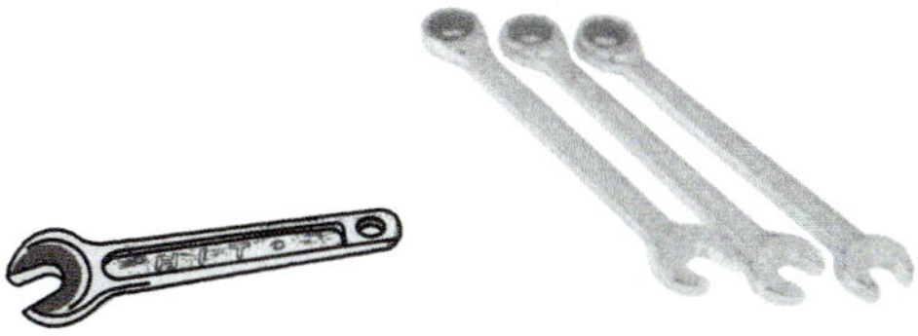
(4)梅花扳手　梅花扳手的内孔为 12 边形，它只要转过 30°就能调换方向，在狭窄的地方使用比较方便	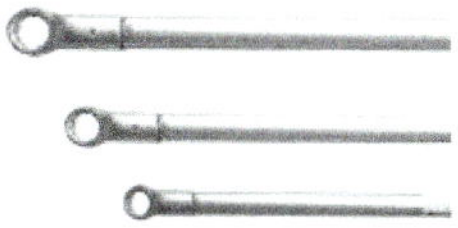 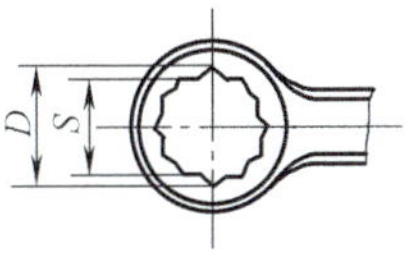
(5)活扳手　活扳手钳口的尺寸在一定的范围内可自由调整，用来旋紧或松退螺栓、螺母。活扳手的规格是以扳手全长尺寸标识的。在松开或拧紧螺母时，应该注意正确的操作要领	 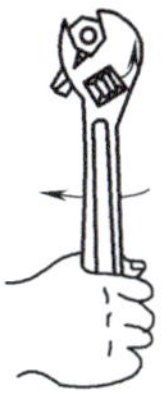 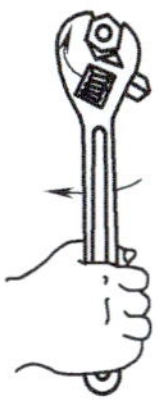 正确　错误
(6)套筒扳手　套筒扳手由一套尺寸不等的梅花套筒及扳手柄组成，如图 a 所示。在成套的套筒扳手中，使用如图 b 所示的弓形手柄，可连续转动手柄，加快扳转速度。使用如图 c 所示的棘轮扳手，在正转手柄时，可使螺母被扳紧，而在反转手柄时，由于棘轮在斜面的作用下，从套筒的缺口内退出打滑，因而不会使螺母随着反转。旋松螺母时，只要将扳手翻身使用即可	 a) 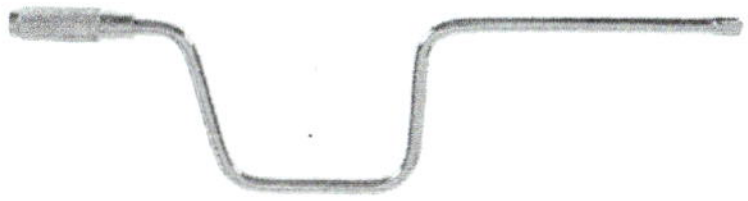 b)  c)
(7)管扳手　管扳手钳口有条状齿，常用于旋紧或松退圆管、磨损的螺母或螺栓。管扳手的规格是以扳手全长尺寸来进行标识的	

（续）

名称及简介	示意图或实物图
(8)内六角扳手　内六角扳手用于旋紧内六角螺钉，由一套不同规格的扳手组成，使用时根据螺纹的规格采用不同规格的内六角扳手	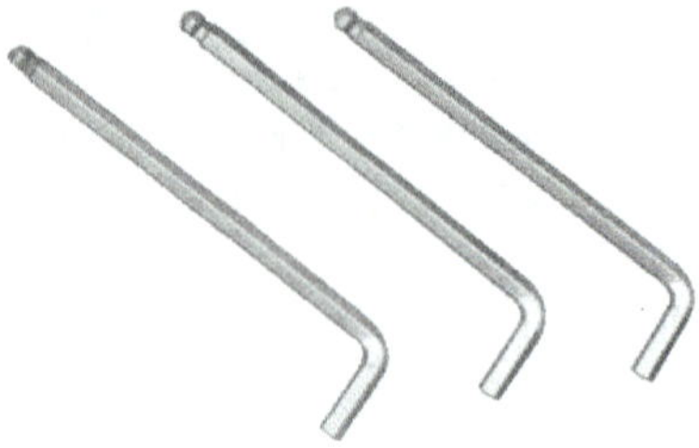
(9)锁紧扳手　锁紧扳手主要用来装拆圆螺母	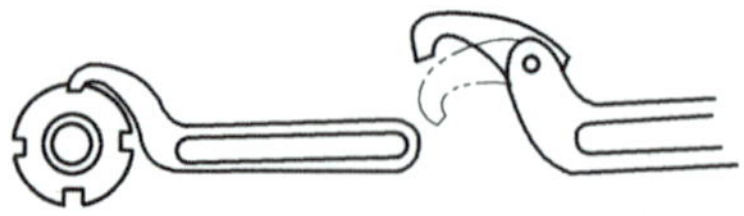
(10)指示式力矩扳手　对于要求严格控制拧紧力矩的重要螺纹连接，可采用指示式扭力扳手	
(11)特殊扳手　为了某种目的而设计的扳手称为特殊扳手。常见的特殊扳手有六角扳手、T形夹头扳手、卡环扳手及力矩扳手等	 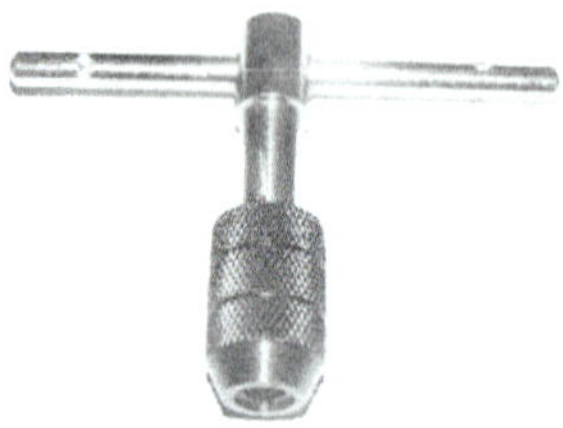
(12)夹持用手钳　夹持用手钳的主要作用为夹持材料或工件	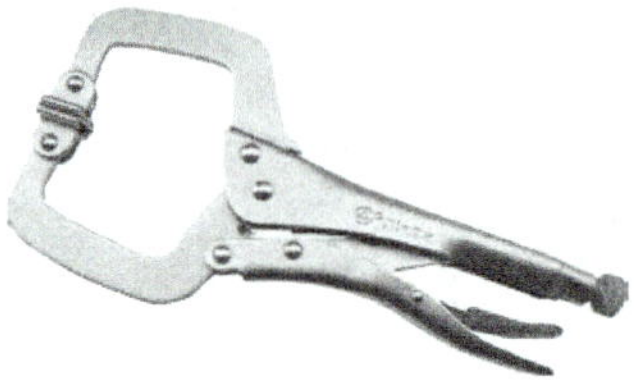
(13)夹持剪断用手钳　常见的夹持剪断用手钳有钢丝钳和尖嘴钳。夹持剪断用手钳的主要作用除可夹持材料或工件外，还可用来剪断小型物件，如钢丝、电线等	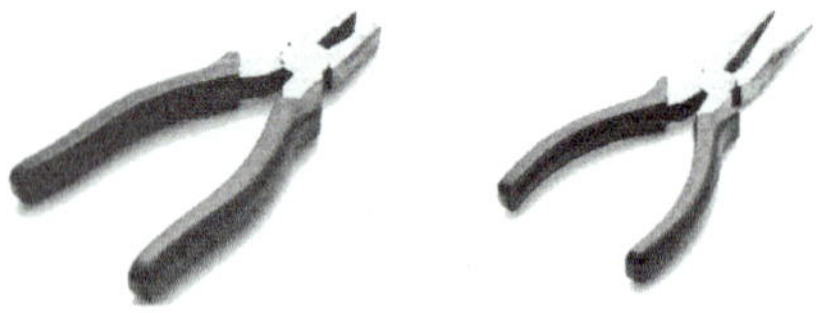
(14)拆装扣环用卡环手钳　拆装扣环用卡环手钳有直轴用卡环手钳和套筒用卡环手钳。拆装扣环用卡环手钳的主要作用是装拆扣环，即可将扣环张开套入或移出环状凹槽	

（续）

名称及简介	示意图或实物图
（15）特殊手钳 常用的特殊手钳有剪切薄板、钢丝及电线用的斜口钳，剥除电线外皮用的剥皮钳，夹持扁物用的扁嘴钳，夹持大型筒件用的链管钳等	
（16）顶拔器 用来完成三种工作：把物体从轴上拉出、把物体从孔中拉出、把轴从物体中拉出	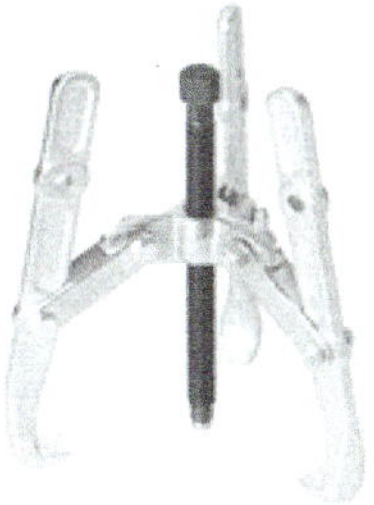

二、使用常用拆装工具

1. 锤子

最常见的是圆头锤（图 1-7），其中比较大的锤击表面称为锤面，比较小的圆形一端称为锤头。圆头锤可制成多种尺寸，锤子顶部的质量范围为 2oz（盎司）~3lb（磅）（即 55~1400g）。尺寸较小的锤子一般来做矫正用，较大的用作普通用途。锤头通常用于铆接或锤平操作。

软面锤（图 1-8）是用塑料、生皮、铜或铅制成锤头。这些柔软的材料紧固在一个钢的本体上，可在损坏时及时更换。软面锤通常在装配或者拆除零配件时使用，这样工件的精加工表面就不会被损坏。在平口虎钳上安装工件进行加工时，常用铅锤将工件正确地安放在垫铁上。填满铅或钢珠的塑料锤头正在逐渐替代铅锤，因为与铅锤相比，这类锤头不仅不易变形，而且具有更长的寿命。

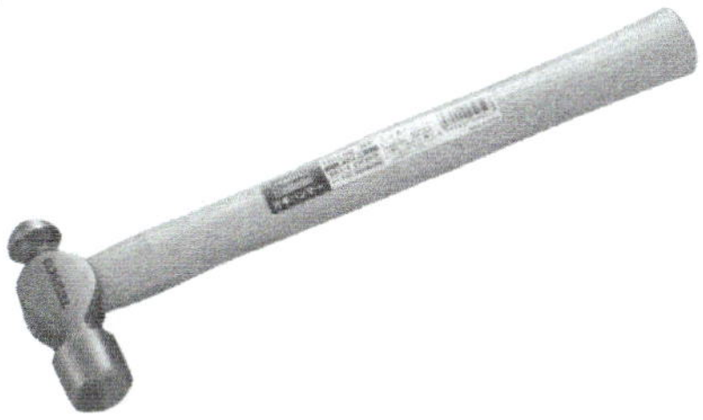

图 1-7 圆头锤

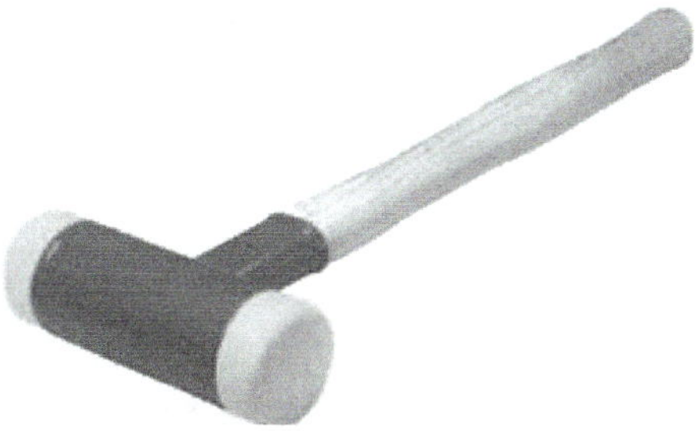

图 1-8 软面锤

使用锤子的时候，一定要抓住锤柄末端，以便提供更好的平衡性和更大的锤击力，这个握力也利于锤面相对工件保持平行，减少对工件表面的伤害。在使用锤子时，应注意以下安全预防措施：

1）确保手柄牢固，没有产生裂纹。

2）用合适的楔块将手柄胀紧在锤头里，确保锤头牢固地安装在手柄上。

3）手柄有油渍或者手上有油腻时不要使用锤子。

4）不要将两个锤子的锤面撞击到一起。锤面已经淬火，金属屑可能飞出，引起不必要的伤害。

2. 螺钉旋具

螺钉旋具可制成各种形状、类型和尺寸。在机械加工车间中最常见的两种类型是标准型一字螺钉旋具和十字螺钉旋具，如图 1-9a 所示。两者均可制成不同的尺寸和形状，如标准柄螺钉旋具、粗短柄螺钉旋具、偏置柄螺钉旋具（图 1-9b）。

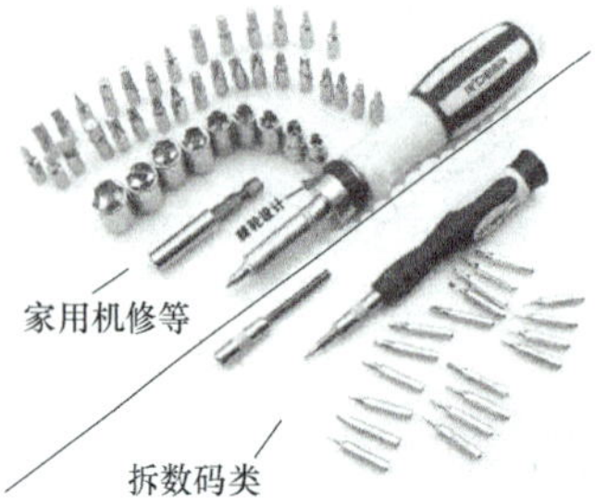

a)

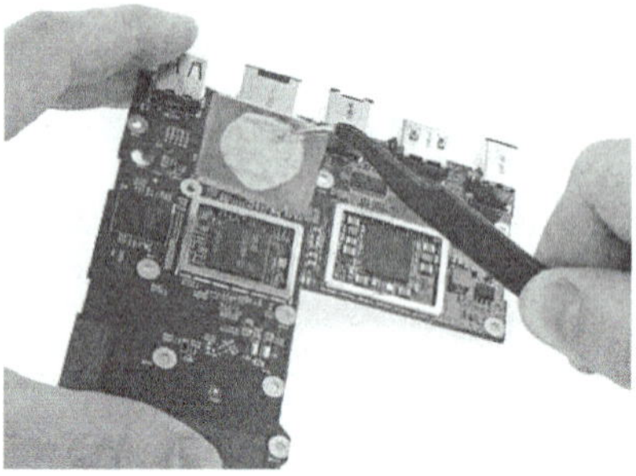

b)

图 1-9　螺钉旋具

a）标准型螺钉旋具　b）偏置柄螺钉旋具

十字螺钉旋具具有十字形的刀头，与具有十字形凹槽的螺钉相配合使用。这些十字螺钉旋具制成 4 种型号：#1、#2、#3 和#4，用来适应各种尺寸不同的紧固件头部凹槽。使用时一定要确保使用尺寸合适的螺钉旋具，太小的螺钉旋具将会使螺钉旋具刀头和螺钉头部槽孔受到损坏。螺钉旋具应当与螺钉头的凹槽紧密配合，并与螺纹垂直，如图 1-10 所示。

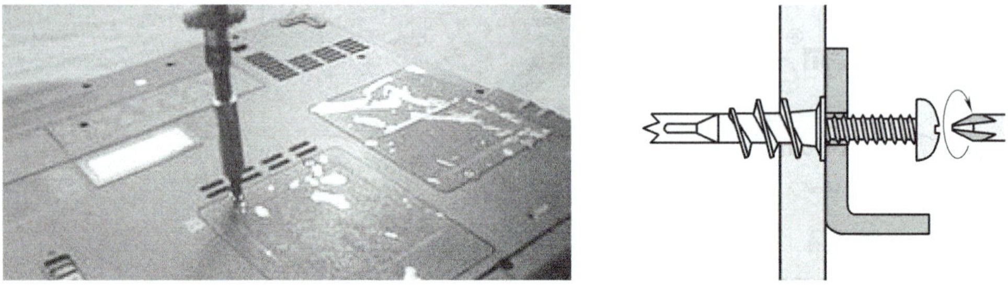

图 1-10　十字螺钉旋具的刀头进入相适应的螺钉头部凹槽

小尺寸的标准型螺钉旋具通常用圆料制成，较大尺寸的标准型螺钉旋具用方料制成，因此，可以使用扳手提高扭转力矩。

使用螺钉旋具时应注意以下事项：

1）选择正确尺寸的螺钉旋具，如果使用太小的螺钉旋具，螺钉头部凹槽和螺钉旋具刀头可能会损坏。

2）不要将螺钉旋具作为一个撬杠、凿子或楔块使用。

3）当标准型螺钉旋具的刀头磨损或者损坏时，应该重新调整其形状。

3. 扳手

在机械车间操作中要使用许多类型的扳手，每一种类型都适合一种特殊的用途，机械拆装中常使用以下几种类型的扳手。

（1）呆扳手　有单端呆扳手（图 1-11a）和两端呆扳手（图 1-11b）两种类型。为了在有限的空间里通过更换扳手的方向拧紧螺母或螺栓，扳手的开口方向通常偏转 15°。

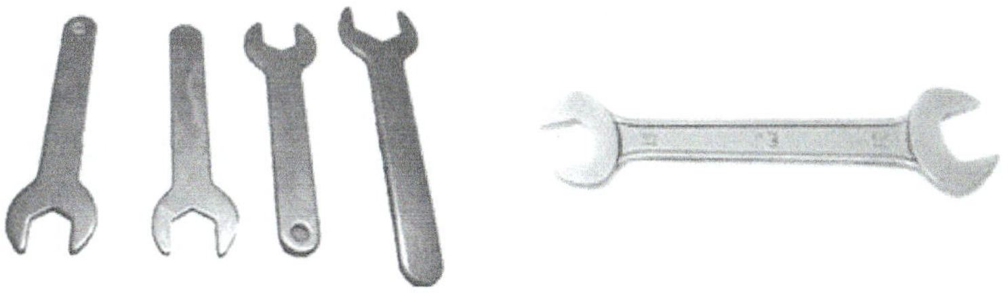

a)　　b)

图 1-11　呆扳手

a）单端呆扳手　b）两端呆扳手

两端呆扳手的两端通常具有不同的尺寸，以满足两种不同规格螺栓或螺母的尺寸。这些扳手的尺寸可以是寸制或米制的。

（2）梅花扳手　梅花扳手（图 1-12）可以完全地套在螺母上，当螺母一次只能旋转很小角度时是非常有用的。梅花扳手的套筒沿着内表面有 12 个精确切割凹槽，这些凹槽非常接近螺母外缘的各点。当尺寸合适时，扳手不滑动，这是它优于其他扳手的地方。通常这些梅花扳手的每端都具有不同的尺寸，一般可以选用寸制和米制两种规格。

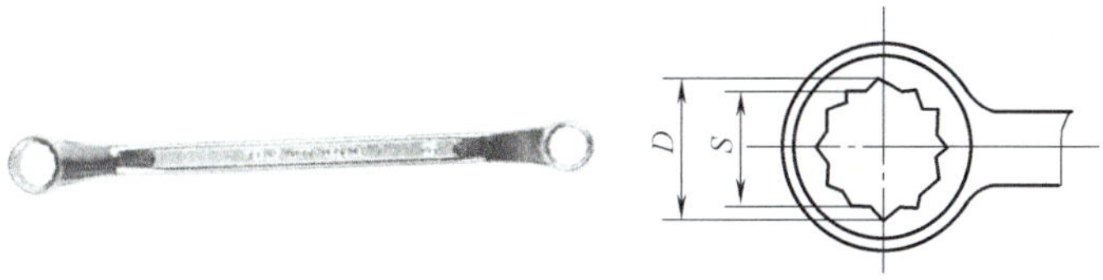

图 1-12　梅花扳手

（3）套筒扳手　套筒扳手（图 1-13）与梅花扳手类似，制成 12 凹槽并整周环绕螺母。这些套筒扳手有寸制和米制两种规格。套筒扳手有棘轮手柄和扭矩扳手手柄两种驱动形式。当螺母或螺栓需要拧紧到规定的力矩范围时，可以将扭矩扳手手柄与套筒扳手组合使用。

（4）活扳手　活扳手（图 1-14）可以在一个确定的范围内调节来适应几种不同尺寸的

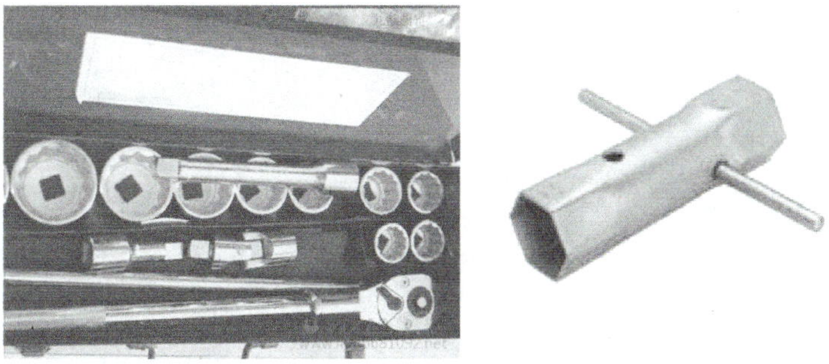

图 1-13　套筒扳手系列

螺母或螺栓。这种扳手特别适合在非标准尺寸的螺母或者找不到合适尺寸的扳手时使用。但是，这种扳手如果没有调整到与螺母侧面正确配合的位置时会产生滑动，这可能会对操作员造成伤害或损坏螺母的棱角。当使用一个活扳手时，应该让它与螺母侧面紧密地贴合，并且沿着规定的方向施力。活扳手的规格是以扳手全长尺寸标识的，如图1-15所示。

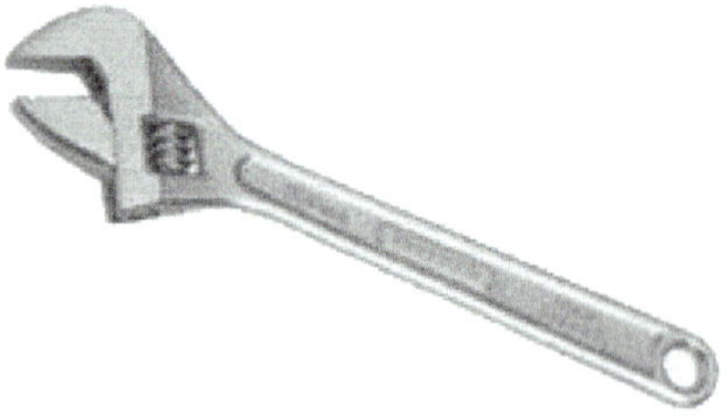

图 1-14 活扳手

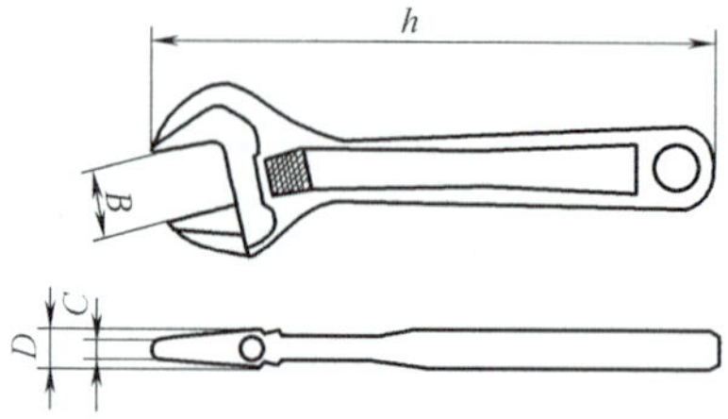

图 1-15 活扳手规格

（5）内六角扳手 内六角扳手（图 1-16）是六角形的，可进入沉头螺钉的六角形凹槽内。它们由工具钢制成，一般成组使用以适应大范围的螺钉尺寸。内六角扳手标明的尺寸是扳手横截面的距离，通常这个距离是与它配套使用的内六角螺钉外径的一半。这些扳手有寸制和米制两种规格。

4. 钳子

在某些机械加工操作（如钻小孔）或装配工件时，钳子能非常容易地抓紧或夹住小的工件。钳子具有很多类型和尺寸，并依据它们的形状、功能和结构来命名。机械工厂通常使用下列几种类型的钳子。

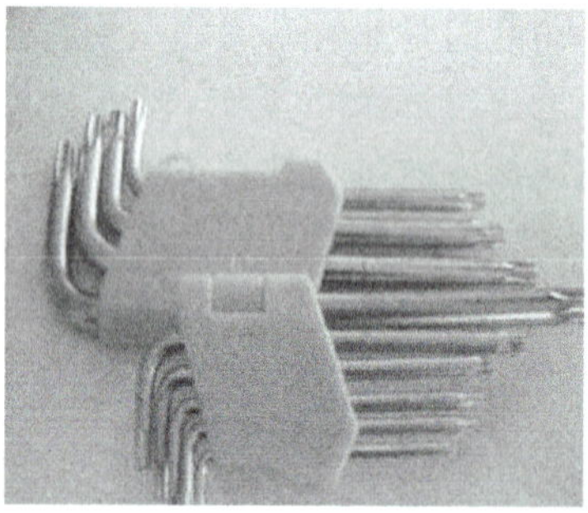

图 1-16 内六角扳手

万能钳（剪钳）或鲤鱼钳（图 1-17）是可调整的，既能夹紧大工件，也能夹紧小工件。它们可以用于夹紧某些钻小孔的工件或弯扭某些轻薄材料制成的工件。

旁剪钳（图 1-18）主要用于切断、夹紧和弯曲小直径（3mm 以下）的杆状工件或金属丝。

针头钳（图 1-19）有直鼻和弯鼻两种类型，它们通常用于夹住非常小的零配件、放置到难以到达的地方及弯曲或成形金属丝。

斜嘴钳（图 1-20）只用于切断金属丝和软金属小工件。

大力钳（图 1-21）由于可调杠杆的作用能提供极大的抓紧力，手柄上的螺杆能调整到

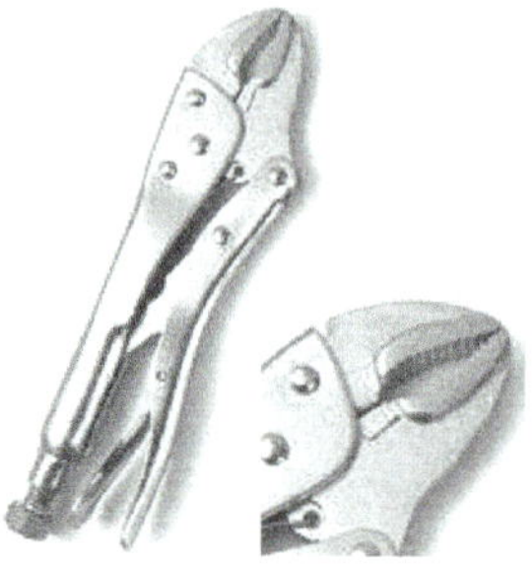

图 1-17 万能钳（剪钳）

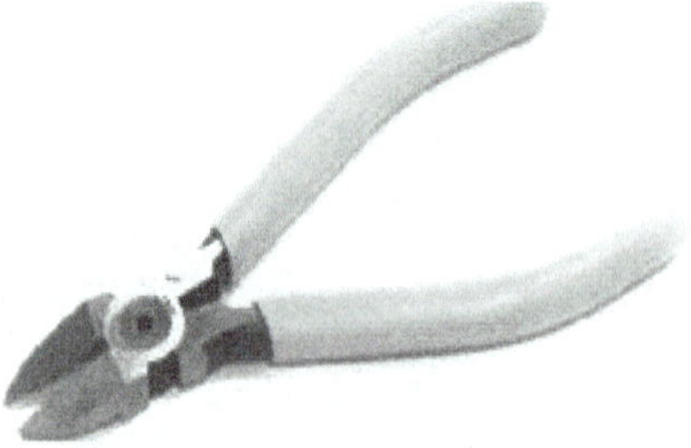

图 1-18 旁剪钳

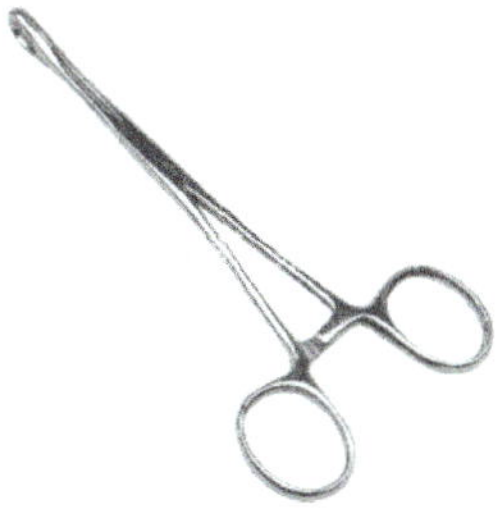

图 1-19　针头钳

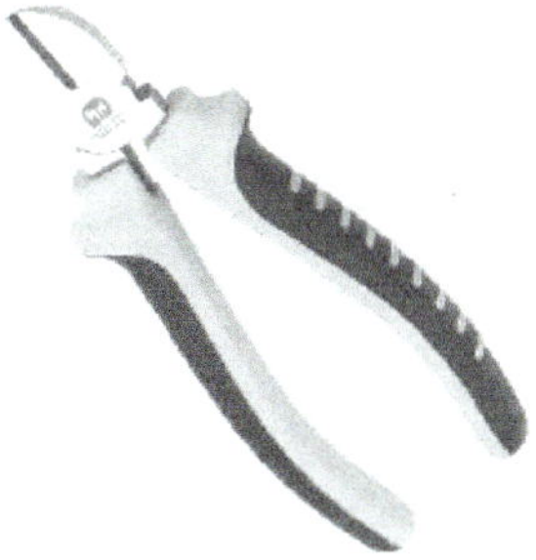

图 1-20　斜嘴钳

不同的尺寸。这种钳子有标准口、针口和 C 形口等几种不同类型。

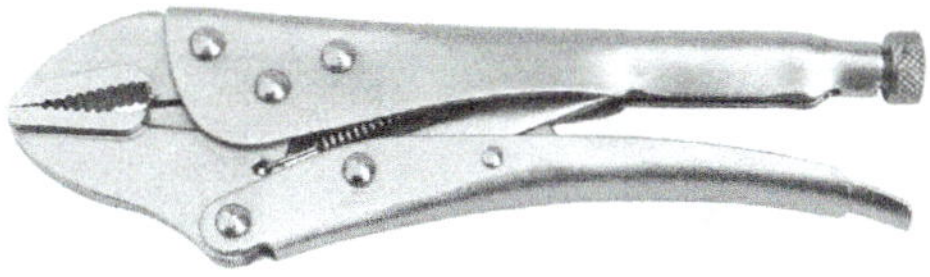

图 1-21　大力钳

使用钳子时应注意以下事项：

1）不要用钳子代替扳手。

2）不要尝试用钳子剪切大直径或经热处理的工件，这可能导致钳口扭曲或手柄断裂。

3）保持钳子干净和润滑。定期在钳子的抛光面及结合部位滴上一滴润滑油，就能使钳子保持良好的工作状态，从而延长钳子使用寿命。

任务实施

一、准备工作

按要求准备好锤子、扳手、螺钉旋具及钳子等手工操作工具。

二、任务实施

1. 根据图片填写常用工具的相关资料（表 1-4）

表 1-4　常用工具

图　片	工具名称	种类	功能

（续）

图　　片	工具名称	种类	功能
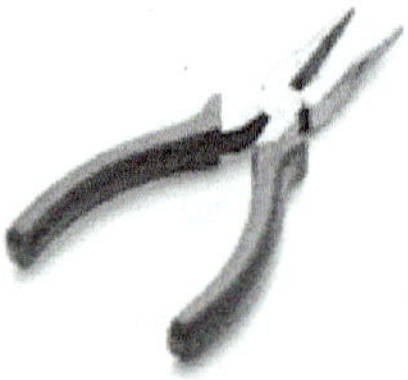			

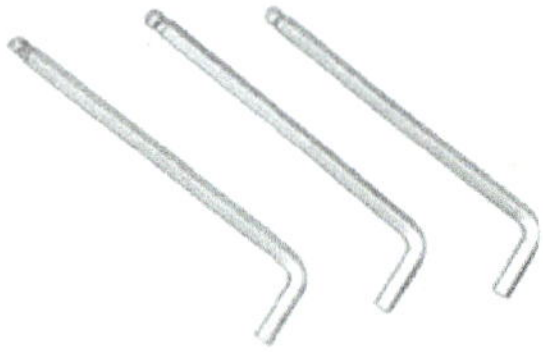			

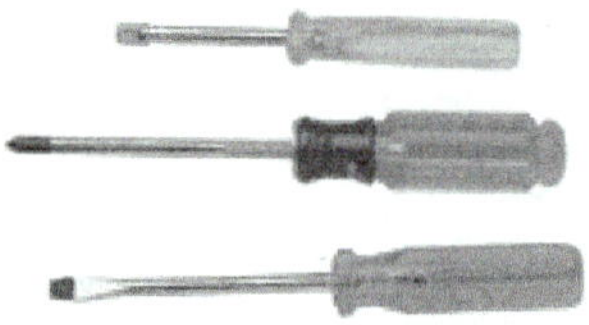			

2. 常用手动工具的选用

不同种类的工具均有它们独特的设计，以配合工作的需要。工具选用不正确可导致不必要的意外发生。

因此，选择合适的工具是重要的，选择条件应包括：工序需要、工作性质、工具料质，以及工具本身条件（如形状、大小、重量等）、安全电压的要求（图 1-22）。

图 1-22　手动工具的选用

安全使用手动工具的原则：①选择适合工作需要的手动工具；②保持手动工具的良好使用状况；③选择材质良好的手动工具；④使用前应认真检查手动工具；⑤以正确方法使用手动工具；⑥手动工具应有安全的置放场所；⑦工作前应配戴适当的防护设备；⑧选用标准工具或规定的手动工具。

3. 常用手动工具的操作（表 1-5）

表 1-5　常用手动工具的操作

示意图	操作要求
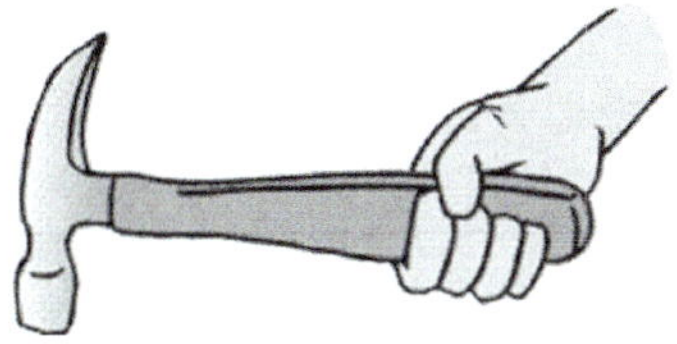	1. 按工作需要，选择______锤子 2. 检查木柄是否有______迹象，锤面是否有______ 3. 手应紧握着锤子的______，以便发挥锤子的最佳冲击力，同时有助______平稳地击向工件上 4. 常用的挥锤方法有________________等三种
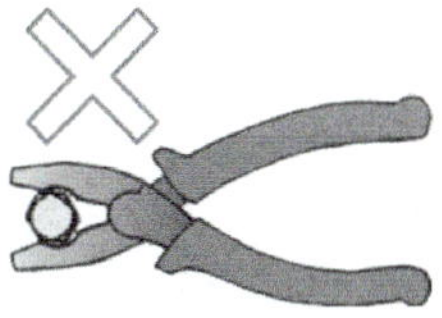 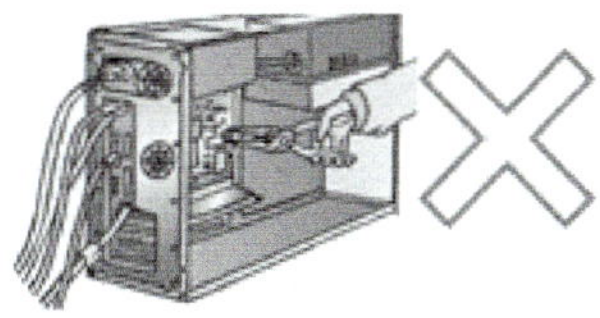	1. 切勿将______绝缘的钳子用于电器设施 2. 不要使用钳子来转动______ 3. ______不应放于钳口之间，以免被夹伤
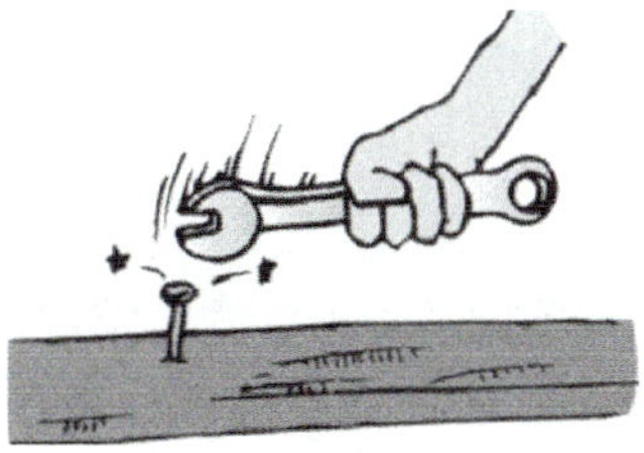	1. 扳手只可用于扭旋各种螺栓，不能当______使用 2. 按______尺寸，选用与螺栓完全配合的扳手 3. 确保扳手已完全套上螺栓后方可扭旋螺栓，扭旋时应使用______而非推力

（续）

示　意　图	操 作 要 求
	1. 通常说的大、小螺钉旋具是用手柄以外的刀体______来表示的 2. 使用十字形螺钉旋具时，应注意使旋杆端部与螺钉槽相______，否则容易损坏螺钉的十字槽
 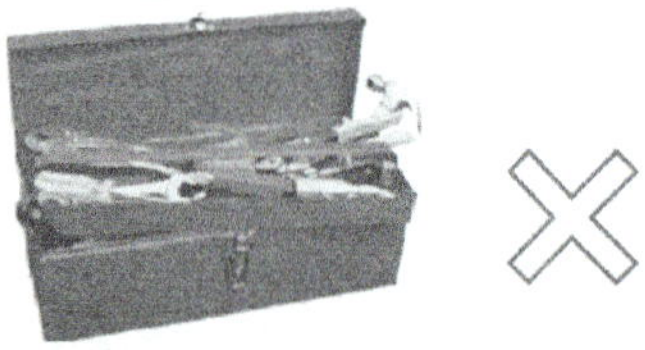	1. 工具的存放应______，放于合适的位置，如工具架、工具箱内，方便拿取 2. 使用完后，所有工具必须放回原处，不应______，不应放于高处或容易碰撞的位置 3. 工具的保养及维修应由具备足够经验的______负责

任务评价

表 1-6　现场记录表

姓名：______________　　学号：______________

班级：______________　　任务名称：______________

序号	检测项目	自测	教师检测	配分	得分
1	锤子的使用			20	
2	螺钉旋具的使用			20	
3	扳手的使用			20	
4	钳子的使用			20	
5	职业素养			20	
合计					

知识拓展

特种扳手

由机械工具制造商为特定机器制造的特殊扳手，有各种不同的类型。固定定位针销扳手和可调针销扳手（图 1-23），定位在特殊螺母表面上的两个孔中。钩销扳手（图 1-24）用在圆螺母的圆周上，扳手的销可进入在螺母外圆周上的孔中。双套筒扳手（图 1-25）在使用时应先拧紧内套筒，然后按松脱紧固螺母方向拧松外套筒，即可拆下螺母。带万向接头的特种扳手（图1-26a）或带锥齿轮的特种扳手（图1-26b），用于受空间位置限制的特殊场合的拆卸。

图1-23　针销扳手

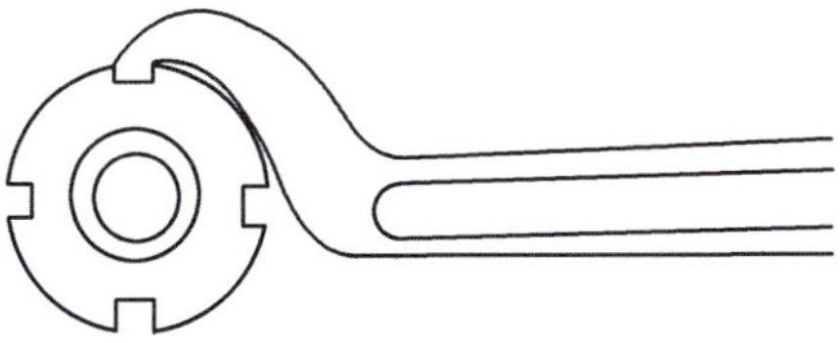

图1-24　钩销扳手

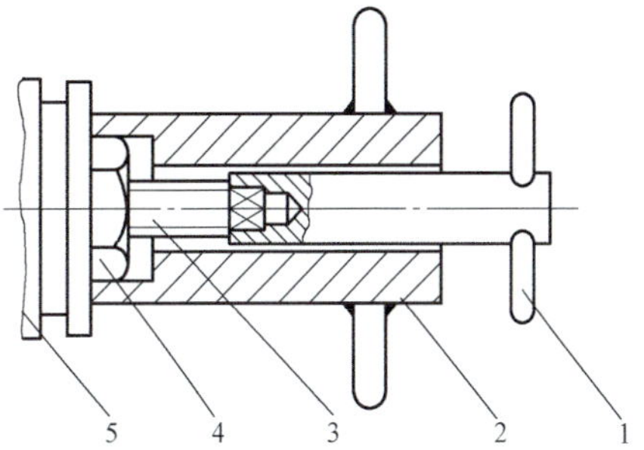

图1-25　双套筒扳手

1—内套筒　2—外套筒　3—调整螺母
4—紧固螺母　5—阀体

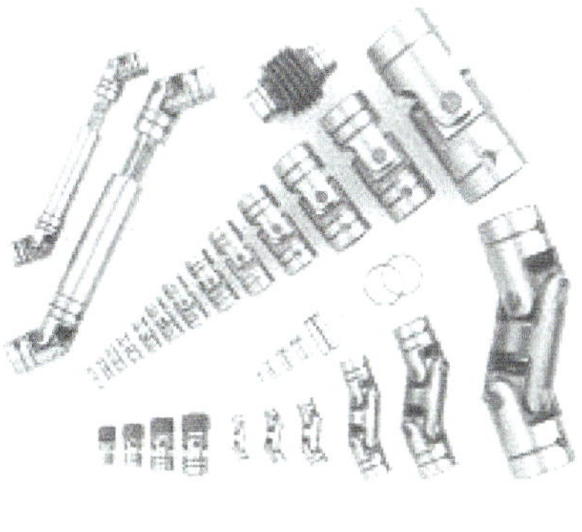

a)

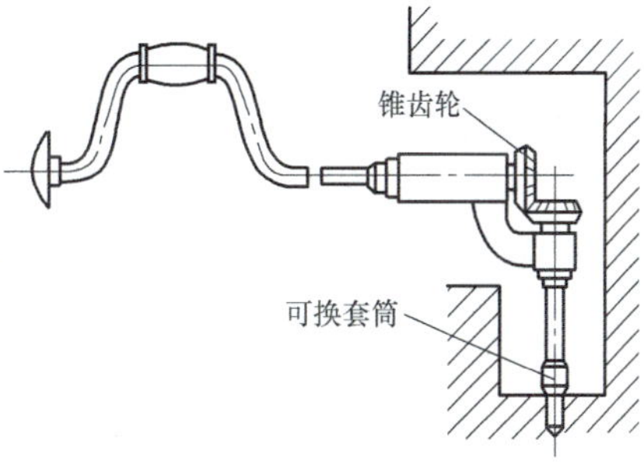

b)

图1-26　特种扳手

a）带万向接头的特种扳手　b）带锥齿轮的特种扳手

使用扳手时应注意以下事项：

1）使用前，应根据被扭件的规格大小及所在位置选择一个适合的螺母或螺栓扳手，太大的扳手可能滑出螺母并且发生事故。

2）使用扳手时，最好是拉动而不是推动，拉力的方向要与扳手的手柄成直角。非推不可时，要用手掌推，手指伸开，防止撞伤手关节。拉动扳手比推动扳手更容易避免发生事故。

3）要确保螺母完全放置在扳手的开口中。

4）扭动手柄时，用力要平稳，扳手应与螺母或螺栓头处于同一平面，即用力方向与被扭件的中心轴线垂直。

5）当拉紧或放松一个螺母时，施加一个突然迅速的拉力比平稳的拉力更有效。

6）当装配螺栓和螺母时在螺纹上滴少许润滑油，日后装拆时会比较容易。

思考与练习

1. 简述锤子的使用方法。
2. 简述螺钉旋具的使用方法。
3. 简述扳手的使用方法。
4. 简述钳子的使用方法。

任务三　认识和使用常用量具

任务描述

通过认识和使用常用量具的任务训练，能正确认识常用量具，了解通用量具的刻线原理与读数方法；能按规范使用常用量具；能按规范对量具进行维护与保养。

知识链接

测量是指为确定被测对象的量值而进行的实验过程；检验是指判断被测量是否在规定范围内的过程，它不要求得到被测量的具体数值；检测是检验和测量的总称；检查是指检测和外观验收等方面的过程。

任何一个完整的测量过程，都包括被测对象、计量单位、测量方法和测量精度四个方面，通常将它们统称为测量过程四要素。被测对象的结构特征和测量要求在很大程度上决定了测量方法，而测量方法决定测量时所采用的计量器具和测量条件，以及产生的测量精度。

常用的量具主要有钢直尺、游标卡尺、千分尺、百分表、水平仪、游标万能角度尺及塞尺等。

一、认识和使用钢直尺

如图 1-27 所示，钢直尺是常用量具中最简单的一种，可用来测量工件的长度、宽度、高度和深度等，规格有 150mm、300mm、500mm 和 1000mm 等，其使用方法如图 1-28 所示。

图 1-27　钢直尺

钢直尺的测量结果不太准确，这是由于钢直尺的刻线间距为 1mm，而刻线本身的宽度就有 0.1~0.2mm，所以测量时读数误差比较大，只能读出毫米数，即它的最小读数值为 1mm，比 1mm 小的数值，只能估计而得。

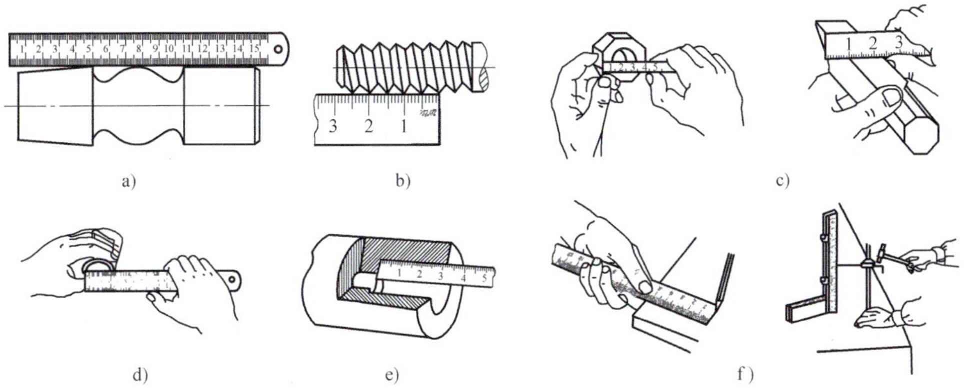

图 1-28 钢直尺的使用方法

a）量长度 b）量螺距 c）量宽度 d）量内孔 e）量深度 f）划线

二、认识和使用游标卡尺

1. 种类

游标卡尺是一种常用的量具，具有结构简单、使用方便、精度中等和测量尺寸范围大等特点，可以用来测量零件的外径、内径、长度、宽度、厚度、深度和孔距等，应用范围很广。根据读数方法不同主要分为普通卡尺、数显卡尺及带表卡尺三类，如图 1-29 所示。

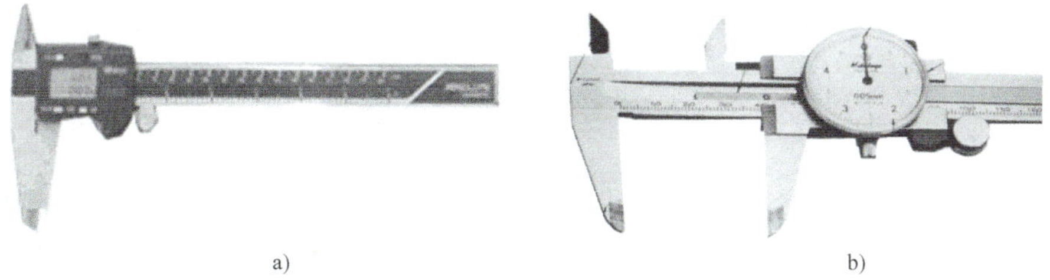

图 1-29 游标卡尺分类

a）数显卡尺 b）带表卡尺

2. 外观结构（图 1-30）

3. 刻度原理与分度值

（1）刻线原理 如图 1-31 所示，当尺身（$N-1$）格的长度正好等于游标 N 格时，游标的分度值 I 为尺身每格的宽度与游标每格的宽度之差，即 $I=a-b$。

（2）分度值（表 1-7）

4. 读数方法

以分度值为 0.02mm 的游标卡尺为例，先读取通过游标 0 刻度线所对左边的尺身整数刻度值，即尺身刻度值；再找到游标和尺身刻度重合的刻度线，数出刻度线左边的游标刻度格

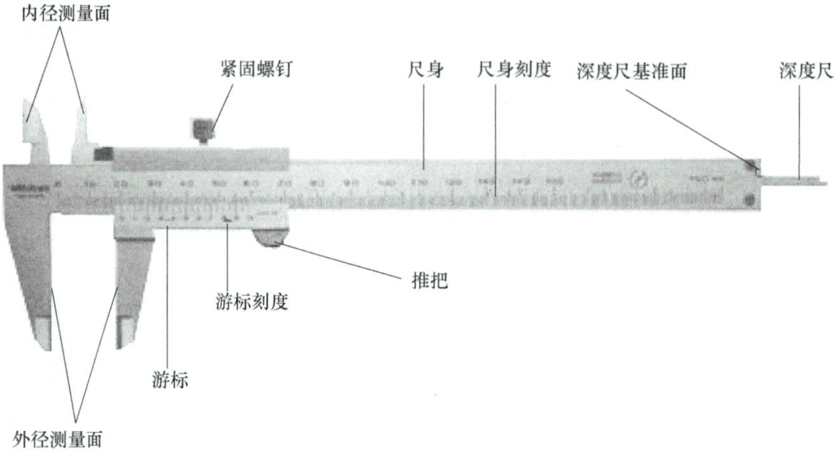

图 1-30　游标卡尺的外观结构

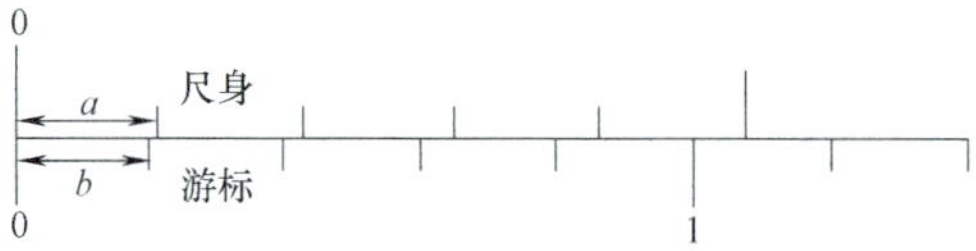

图 1-31　游标卡尺刻线原理

数，用格数乘以分度值，即为游标的刻度值；将尺身刻度值加上游标刻度值，即为测量值。如图 1-32 所示，尺身刻度值为 6.0mm，游标刻度值为 17×0.02mm = 0.34mm，即测量值为 6.34mm。

表 1-7　游标卡尺的分度值

尺身 标尺间隔 a/mm	游标 标尺间隔 b/mm	分度值 $I=(a-b)$/mm	特　点
1	0.9	0.1	把 9mm 分成 10 等份(0.9mm)
1	0.95	0.05	把 19mm 分成 20 等份(0.95mm)
1	0.98	0.02	把 49mm 分成 50 等份(0.98mm)

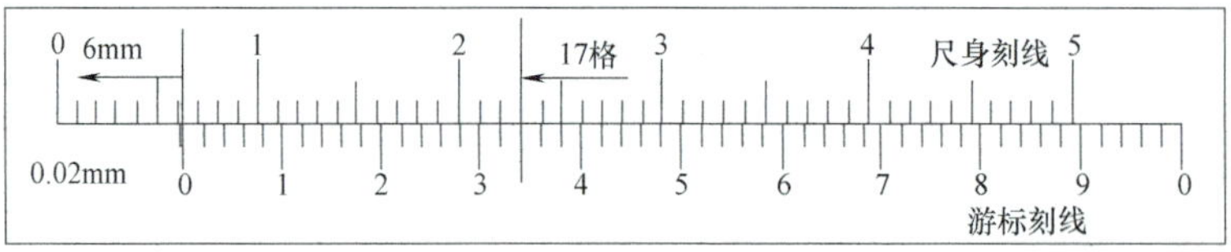

图 1-32　游标卡尺读数方法

5. 游标卡尺的使用

量具使用得是否合理，不但影响量具本身的精度，还直接影响零件尺寸的测量精度。使用游标卡尺测量零件尺寸时，必须注意以下几点：

1）应根据所测工件的部位和尺寸精度，合理地选择游标卡尺的种类和规格。

2）测量时，移动游标并使量爪与工件被测表面保持良好的接触，量得尺寸后要把螺钉旋紧后再读数，以防尺寸变动，使得读数不准。

3）游标卡尺的测量力要适当，测量力太大会造成尺框倾斜，产生测量误差；测量力太小，游标卡尺与工件接触不良，使测量尺寸不准确。

4）游标卡尺在使用过程中，不要和工具、刀具放在一起，以免碰坏。

5）测量前应把卡尺擦干净；检查卡尺的两个测量面和测量刃口是否平直无损；当两个量爪紧密贴合时，应无明显的间隙；同时游标和尺身的零位刻线要相互对准，这个过程称为校对游标卡尺的零位。

6）移动尺框时，活动要自如，不应过松或过紧，更不能有晃动现象。用固定螺钉固定尺框时，卡尺的读数不应有所改变。在移动尺框时，不要忘记松开固定螺钉。

7）当测量零件的外径尺寸时，游标卡尺两测量面的连线应垂直于被测表面，不能歪斜。测量时，可以轻轻摇动卡尺，放正垂直位置，如图 1-33 所示。

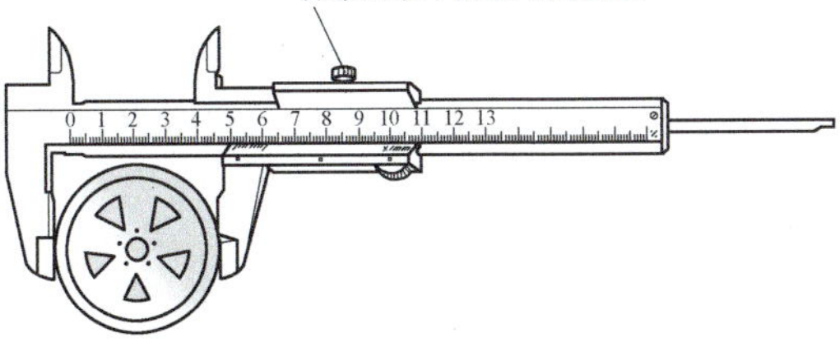

图 1-33　用游标卡尺测量外径尺寸

8）当测量零件的内径尺寸时，如图 1-34 所示，要使量爪分开的距离小于所测的内径尺寸，进入零件内孔后，再慢慢张开并轻轻接触零件内表面，用固定螺钉固定尺框后，轻轻取出游标卡尺来读数。取出量爪时，用力要均匀，并使游标卡尺沿着孔的中心线方向滑出，不可歪斜，以免造成量爪扭伤、变形和受到不必要的磨损，同时避免尺框走动，影响测量精度。

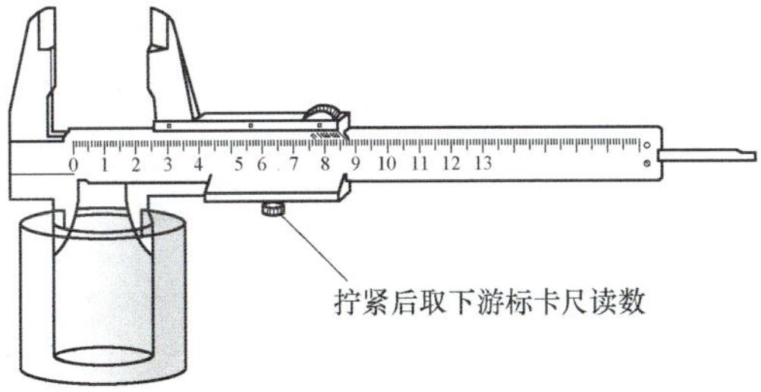

图 1-34　用游标卡尺测量内径尺寸

9）测量深度尺寸时，可采用如下方法：第一种方法是采用普通游标卡尺的深度尺进行测量，如图 1-35a 所示；第二种是用深度游标卡尺进行测量，如图 1-35b 所示，测量时，先把测量基座轻轻压在工件的基准面上，两个端面必须接触工件的基准面。

三、认识和使用千分尺

千分尺是一种精密量具，它的测量精度比游标卡尺高，而且比较灵敏。因此，对于加工

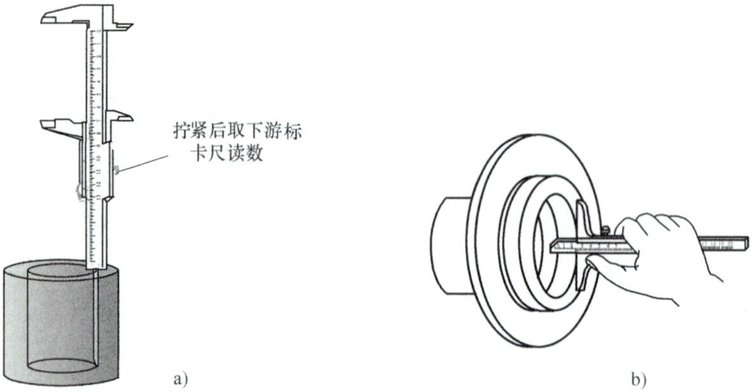

a)　　b)

图 1-35　用游标卡尺测量深度尺寸

精度要求较高的工件尺寸，要用千分尺来测量。

常用的螺旋读数量具有百分尺和千分尺。百分尺读数的分度值为 0.01mm，千分尺读数的分度值为 0.001mm。工厂习惯上把百分尺和千分尺统称为百分尺或分厘卡。目前车间里大量使用的是分度值为 0.01mm 的百分尺。

1. 外径千分尺的规格及种类

常见外径千分尺的规格有 0~25mm、25~50mm、50~75mm、75~100mm 等几种，种类主要有外径千分尺和公法线千分尺等几种。外径千分尺用来测量外径与几何误差，如图1-36 所示；公法线千分尺用来测量齿轮的公法线长度，如图 1-37 所示。

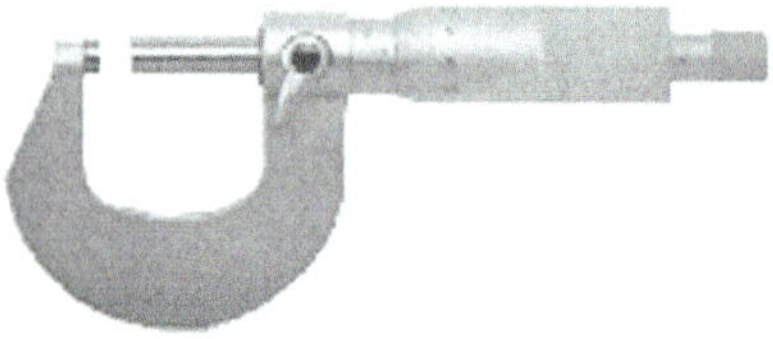

图 1-36　外径千分尺

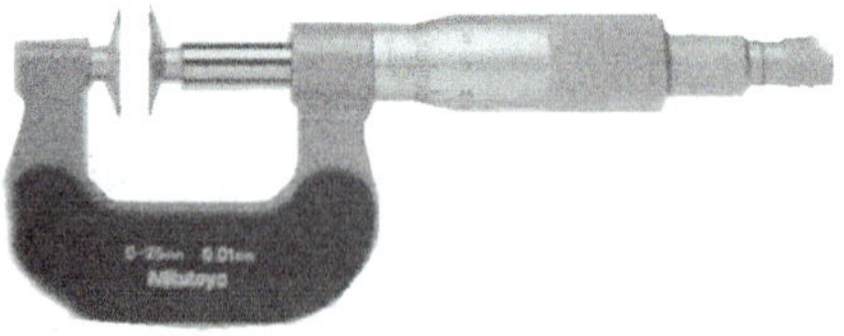

图 1-37　公法线千分尺

2. 外径千分尺的结构

各种千分尺的结构大同小异，外径千分尺常用来测量或检验零件的外径、凸肩厚度，以及板厚或壁厚等（测量孔壁厚度的千分尺，其量面呈球弧形）。千分尺由尺架、测微头、测力装置和锁紧装置等组成。图 1-38 所示为测量范围为 0~25mm 的外径百分尺。尺架的一端装着固定测砧，另一端装着测微头。固定测砧和测微螺杆的测量面上都镶有硬质合金，以提高测量面的使用寿命。尺架的两侧面覆盖着绝热板，使用外径千分尺时，手要拿在绝热板上，防止人体的热量影响其测量精度。

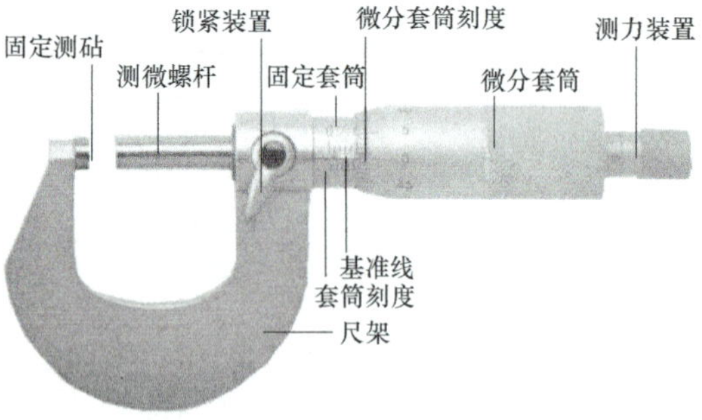

图 1-38　外径千分尺的结构

3. 外径千分尺工作原理

通过螺旋传动，将被测尺寸转换为测微螺杆的轴向位移和微分套筒的圆周位移，从固定套筒的刻度和微分套筒的刻度上读取测量头和测微螺杆测量面间的距离，如图 1-39 所示。

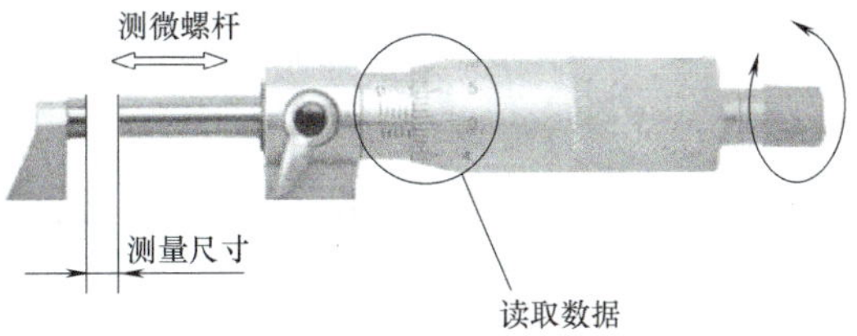

图 1-39　外径千分尺工作原理

4. 外径千分尺刻度原理及读数方法

(1) 刻度原理

1) 固定套筒最小刻度间隔：1 格=0.5mm。

2) 微分套筒最小刻度间隔：1 格=0.01mm（微分套筒旋转一周，测微螺杆轴向位移为 0.5mm，即固定套筒刻度 1 格），如图 1-40a 所示。

(2) 读数方法　以微分套筒的基准线为基准读取左边固定套筒的刻度值，再以固定套筒的基准线为基准读取微分套筒刻度线上与基准线对齐的刻度，即为微分套筒的刻度值，将固定套筒的刻度值与微分套筒的刻度值相加，即为测量值。固定套筒的刻度值为 6.0mm，微分套筒的刻度值为 0.450mm，则测量值为 6.450mm，如图 1-40b 所示。

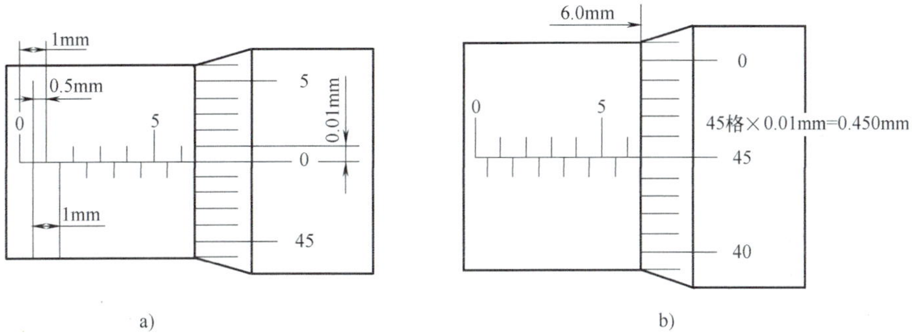

图 1-40　外径千分尺读数方法

a）刻度原理　b）读数方法

5. 千分尺使用时的注意事项

1）使用前，要检查千分尺的各部分是否灵活可靠、是否对零正确、活动套筒的转动是否灵活、测微螺杆的移动是否平稳，以及锁紧装置的作用是否可靠等。还要把工件的测量表面擦干净，以免污物影响测量精度。测量时，要使测微螺杆的轴线与工作的被测尺寸方向一致，不能倾斜。

2）使用千分尺时，一般用手握住隔热装置。如果用手直接握住尺架，就会使千分尺和工件温度不一致而增加测量误差。在一般情况下，应注意千分尺和被测工件具有相同的温度。

3）千分尺的两测量面将与工件接触时，要使用棘轮，不要转动微分筒。

4）千分尺的两测量面与被测工件相接触时，要考虑工件表面的几何形状。

5）按被测尺寸调节千分尺时，要慢慢地转动微分筒或棘轮，不要握住微分筒挥动或摇转尺架，致使精密的测微螺杆变形。

6）测量时，应使砧座测量面与被测表面接触，然后摆动测微头找到正确位置后，使测微螺杆的测量面与被测表面接触，在千分尺上读取被测值。当千分尺离开被测表面读数时，应先用锁紧手柄将测微螺杆锁紧再进行读数。

7）千分尺不能当卡规或卡钳使用，防止划坏千分尺的测量面。

8）使用千分尺测同一长度时，一般应反复测量几次，取其平均值作为测量结果。

9）千分尺用完后，应用纱布擦干净，在砧座与测微螺杆之间留出一点空隙，放入盒中。如长期不用可抹上黄油或机油，放置在干燥的地方，注意不要使其接触腐蚀性的气体。

四、认识和使用百分表及千分表

该类别量具是利用精密齿轮齿条机构制成的表式通用长度测量工具。通常由测头、量杆、防振弹簧、齿条、齿轮、游丝、圆表盘及指针等组成。常用于形状和位置误差（如圆度、圆跳动、平面度、平行度、直线度等），以及小位移的长度测量。此外，它们的测头可在一定角度内转动，能适应不同方向的测量，结构紧凑。此类量具在机电设备装调中应用较广。

1. 百分表及千分表的结构

百分表的结构如图 1-41 所示，千分表的结构如图 1-42 所示。

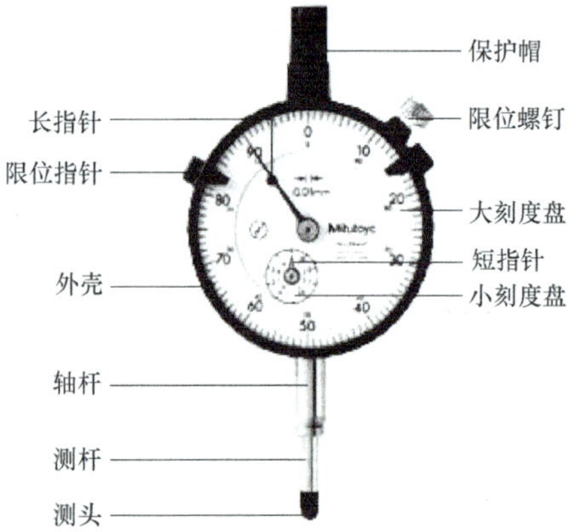

图 1-41　百分表

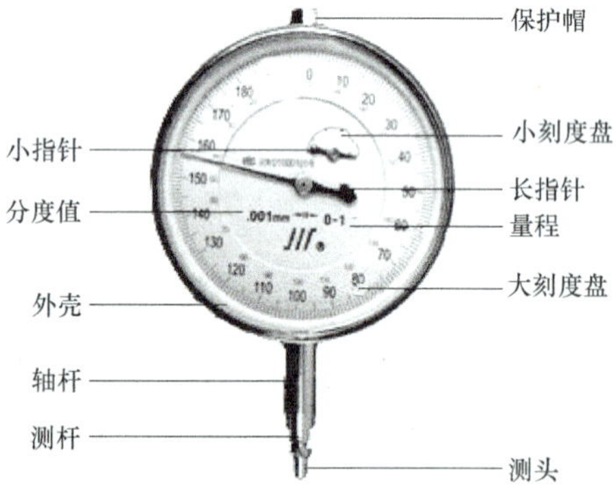

图 1-42　千分表

2. 百分表及千分表的工作原理及刻度原理

百分表及千分表的工作原理均是通过测杆上齿条与齿轮的传动配合，将测杆的直线运动转换成指针的角度偏移，根据指针偏移的角度，从刻度盘上读取测量值。

百分表的刻度原理为：①大刻度盘的最小刻度间隔：1 格 = 0.01mm；②小刻度盘的最小刻度间隔：1 格 = 1.0mm（长指针旋转一周，短指针旋转 1 格，即 1mm），如图 1-43 所示。

千分表的刻度原理为：①大刻度盘的最小刻度间隔：1 格 = 0.001mm；②小刻度盘的最小刻度间隔：1 格 = 0.2mm（长指针旋转一周，短指针旋转 1 格，即 0.2mm），如图 1-44 所示。

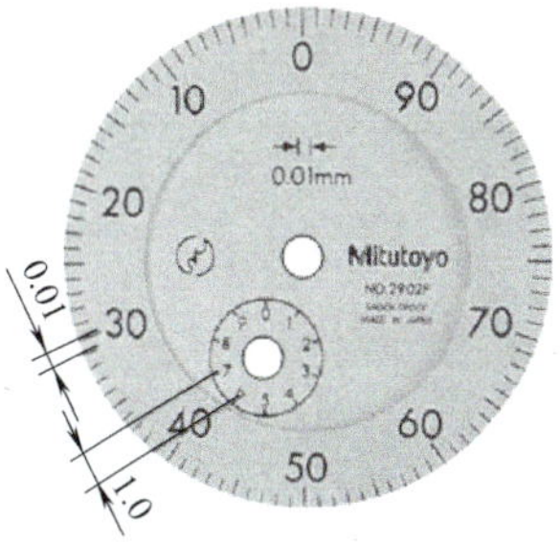

图 1-43　百分表刻度原理

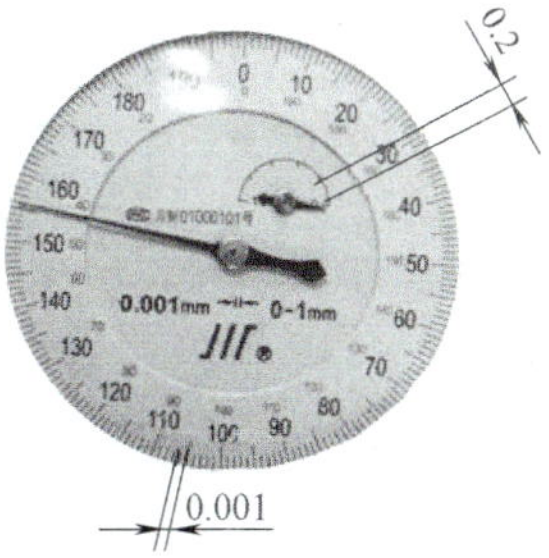

图 1-44　千分表刻度原理

3. 百分表及千分表的测量及读数

百分表和千分表的测量方法相似，主要有绝对测量和相对测量两种方法，下面以百分表为例做介绍。

(1) 绝对测量　以基准平面为基点，测量物体的实际尺寸，从刻度盘上直接读取测量值。

步骤 1　将百分表固定在表座上使测杆受力，调整表框使指针与 0 刻度线对齐，如图 1-45所示。

步骤 2　将被测物放入测杆下端，刻度盘指针发生偏移，由指针偏移量在刻度盘上读取测量值，即 4 格×0. 01mm/格＝0. 04mm。

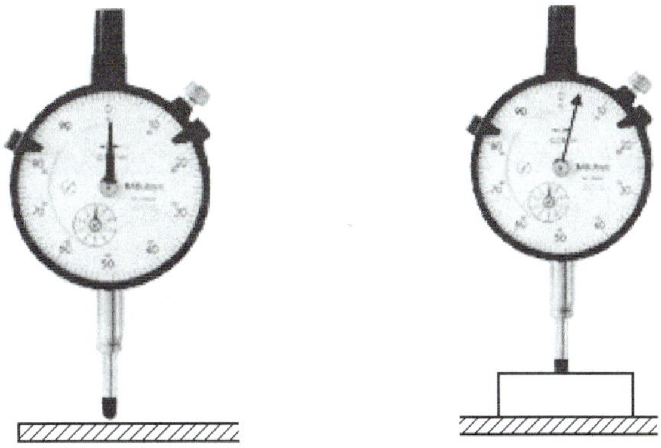

图 1-45　绝对测量方法示意图

(2) 相对测量　将已知尺寸的基准规放入测量头下端，设定基准刻度 A，再将被测物放入测量头下端读取数值 B，测量值 $C=A-B$，即 10mm-(1mm+96 格×0. 01mm/格)＝8. 04mm。

步骤 1　将百分表固定在表座上，将基准规放入测头下端使测杆受力，使大指针对准 0 刻线，小指针在小刻度盘的中央（小指针的位置根据工作的尺寸而定）。

步骤 2　将被测物放入测杆下端，刻度盘指针发生偏移，由指针偏移量在刻度盘上读取测量值，将读取的数值与基准规的数值比较，即为测量值，如图 1-46 所示。

4. 百分表使用时的注意事项

1) 使用前，应检查测杆活动的灵活性，即轻轻推动测杆时，测杆在套筒内的移动要灵活，没有轧卡等现象，每次手松开后，指针能回到原来的刻度位置。按压测杆的次数不要太

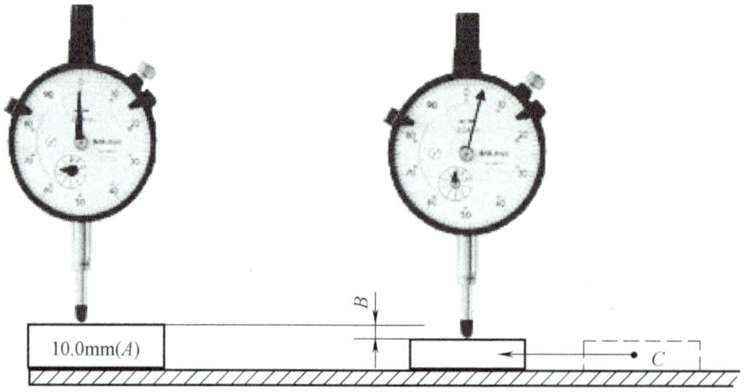

图 1-46　相对测量方法示意图

多，距离不要过大，尤其应避免急剧地向极端位置按压测杆，这将造成冲击，会损坏机构及加剧零件磨损。

2）使用时，必须把百分表固定在可靠的夹持架上，切不可贪图省事，随便夹在不稳固的地方，容易造成测量结果不准确，或摔坏百分表。使用磁性表座时，一定要注意检查表座的按钮位置。

3）百分表要避免受到剧烈振动和碰撞，不要敲打百分表的任何部位，调整或测量时，不要使测头突然撞落在被测件上。

4）测量时，不要使测杆的行程超过它的测量范围，不要使表头突然撞到工件上，也不要用百分表测量表面粗糙度值高或有显著凹凸不平的工件。

5）测量平面时，百分表的测杆要与平面垂直；测量圆柱形工件时，测杆要与工件的中心线垂直，否则，将使测杆活动不灵或测量结果不准确。

6）测量时，为了读数方便，常把指针转到表盘的零位作为起始值。对零时，先使测头与基准表面接触，在测量范围允许的条件下，最好把测头压缩，使指针转过 2~3 圈后再把表头紧固住，然后对零，同时，百分表的测量要与被测工件表面保持垂直；而测量圆柱形工件时，测杆的中心线则应垂直地通过被测工件的中心线，否则将增大测量误差。

7）不要用手拿测杆，测杆上也不能压放其他东西，以免测杆弯曲变形。

8）严防水、油和灰尘等进入百分表内。不准把百分表浸在冷却液或其他液体中，不要把百分表放在有磨屑或灰尘飞扬的地方，不要随便拆卸表的后盖。

9）百分表用完后，要擦净放回盒内，要让测杆处于放松状态，避免百分表内弹簧失效。

10）如果不是长期保存，测杆不允许涂凡士林或其他油类，否则会使测杆和轴套黏结，造成测杆运动不灵活。而且，沾有灰尘的油污容易带进百分表内，影响百分表的测量精度。

五、认识和使用塞尺

塞尺是用来检验两个工件间微小间隙的量具，它由一组薄钢片组成，每片的厚度为 0.01~0.08mm，测量时用塞尺直接塞进间隙，当一片或数片能塞进两贴合面之间，则这一片或数片的厚度（可由片身上的标记读出）即为两贴合面的间隙值。

由于不能测出精确的读数而只能测量间隙范围，所以塞尺又是一种界限量规。在机械拆装中，主要用来控制、调整两个零件间的合理间隙，如图 1-47 所示。

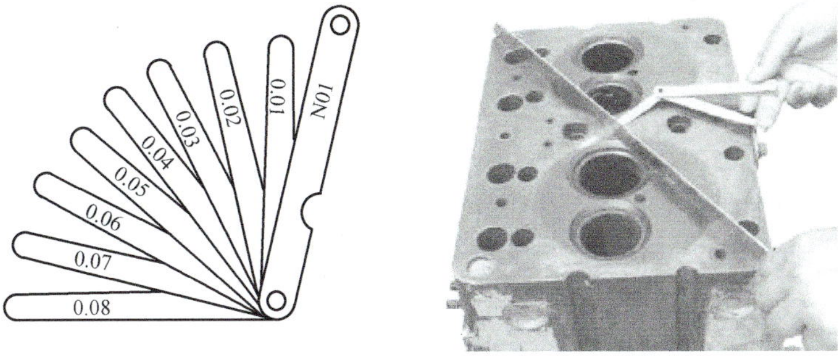

图 1-47　塞尺的使用

使用塞尺时应注意以下事项：

1）使用塞尺测量时，选用的尺片越薄越好，而且必须先擦净尺面和工件，测量时不能用力硬塞，以免尺片弯曲和折断。

2）先将要测量工件的表面清理干净，不能有油污或其他杂质，必要时用磨石清理。

3）形成间隙的两工件必须相对固定，以免因松动导致间隙变化而影响测量效果。

4）根据目测的间隙大小选择适当规格的塞尺逐个塞入。如用 0. 03mm 的塞尺能塞入，而用 0. 04mm 的塞尺不能塞入，这说明所测量的间隙值在 0. 03~0. 04mm 范围内。

5）当间隙较大或希望测量出更小的尺寸范围时，单片塞尺已无法满足测量要求，可以使用数片叠加在一起插入间隙中（在塞尺的最大规格满足使用间隙要求时，尽量避免多片叠加，以免造成累积误差）。

六、认识和使用水平仪

水平仪是测量角度变化的一种常用量具，主要用于测量机件间相互的水平位置和设备安装时的平面度、直线度和垂直度，也可测量零件的微小倾角。常用的水平仪有条式水平仪（图 1-48）、框式水平仪（图 1-49）和数字式光学合像水平仪等。

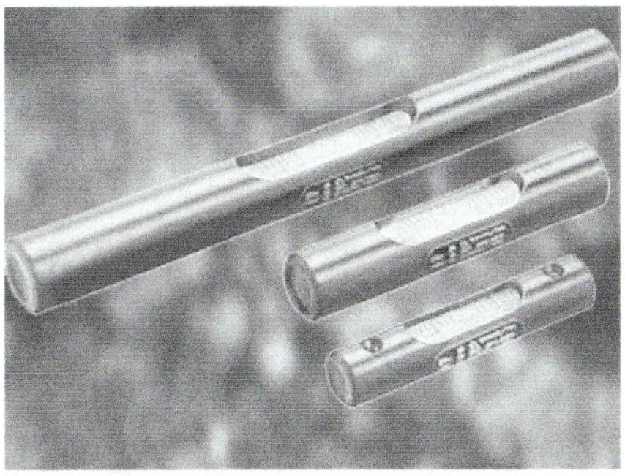

图 1-48　条式水平仪

图 1-49　框式水平仪

1. 水平仪的规格及原理

（1）水平仪的规格（表 1-8）

表 1-8　水平仪的规格

品　　种	外形尺寸/mm			组别	分度值/(mm/m)
	长	宽	高		
框式	100	25~35	100	Ⅰ	0. 02
	150	30~40	150		
	200	35~40	200		
	250	40~50	250	Ⅱ	0. 03~0. 05
	300		300		
条式	100	30~35	35~40		
	150	35~40	35~45		
	200	40~45	40~50	Ⅲ	0. 06~0. 15
	250				
	300				

（2）框式水平仪的工作原理　框式水平仪主要部分是一个弧形玻璃管，它的内壁磨成100m左右的曲率半径，刻有刻度的玻璃管内充以少量乙醚液体，中间留一个气泡，如图1-50所示。不论框式水平仪放在什么位置，玻璃管中的液面总是处于水平，气泡总是向高处移动，读出气泡两端边缘移动的格数，即可求出相应的高度差。框式水平仪的分度值为0. 02mm/m，它表示将该水平仪放在1m长的平尺表面上，在平尺右端垫起0. 02mm的高度，平尺便倾斜一个角度 α，此时，水平仪正好移动一个分度值。

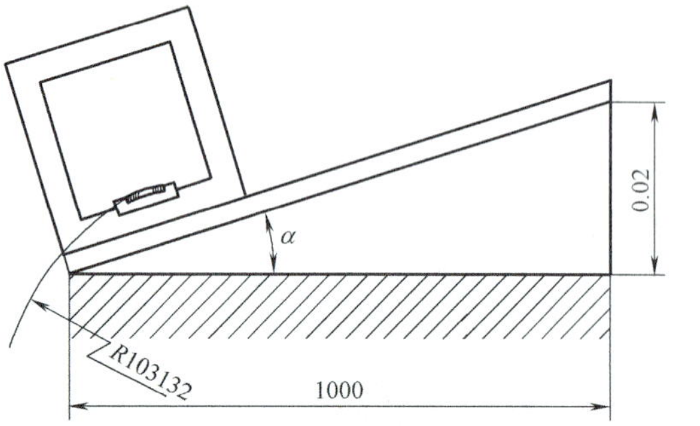

图 1-50　框式水平仪的结构原理

如分度值0. 03mm/m，即表示气泡移动一格时，在被测量长度为1m的两端上，高低相差0. 03mm。再如，用200mm长，分度值为0. 05mm/m的水平仪，测量400mm长平面的水平度，先把框式水平仪放在平面的左侧，此时若气泡向右移动两格，再把水平仪放在平面的右侧，此时若气泡向左移动三格，则说明这个平面是中间高两侧低的凸平面。从左侧看，中间比左端高两格，即在被测量长度为1m时，中间高2×0. 05mm＝0. 10mm，现实际测量长度为200mm，是1m的1/5，所以，实际上中间比左端高0. 10mm×1/5＝0. 02mm；从右侧看，中间比右端高三格，即在被测量长度为1m时，中间高3×0. 05mm＝0. 15mm，现实际测量长度为200mm，是1m的1/5，所以，实际上中间比右端高0. 15mm×1/5＝0. 03mm。由此可知，中间比左端高0. 02mm，中间比右端高0. 03mm，则中间比两端高出的数值为（0. 02mm+0. 03mm）/2＝0. 025mm。

2. 框式水平仪的读数方法

框式水平仪的读数方法有直接读数法和平均读数法两种。

（1）直接读数法　以气泡两端的长刻线作为零线，气泡相对零线移动格数作为读数，这种读数方法最为常用，如图1-51所示。

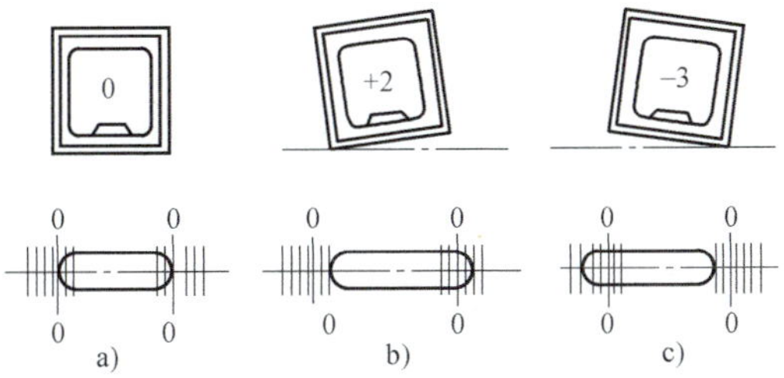

图 1-51　框式水平仪的直接读数方法

a）水平位置　b）左低右高　c）左高右低

图 1-51a 表示框式水平仪处于水平位置，气泡两端位于长线上，读数为“0”；图1-51b 表示水平仪逆时针方向倾斜，气泡向右移动，图示位置读数为“+2”；图 1-51c 表示水平仪顺时针方向倾斜，气泡向左移动，图示位置读数为“-3”。

（2）平均读数法　由于环境温度变化较大，使气泡变长或缩短，引起读数误差而影响测量的正确性，可采用平均读数法，以消除读数误差。

3. 框式水平仪的使用及注意事项

1）框式水平仪的两个 V 形测量面是测量精度的基准，在测量中不能与工作的粗糙面接触或摩擦。安放时必须小心轻放，避免因测量面划伤而损坏框式水平仪和造成不应有的测量误差。

2）用框式水平仪测量工件的垂直面时，不能用手握持与副侧面相对的部位，而用力向工件垂直平面推压，这样会因框式水平仪的受力变形，影响测量的准确性。正确的测量方法是手握持副测面的内侧，使框式水平仪平稳、垂直地（调整气泡位于中间位置）贴在工件的垂直平面上，然后从纵向读出气泡移动的格数。

3）使用框式水平仪时，要保证框式水平仪工作面和工件表面的清洁，以防止污物影响测量的准确性。测量水平面时，在同一个测量位置上，应将框式水平仪转过相反的方向再进行测量。当移动框式水平仪时，不允许框式水平仪的工作面与工件表面发生摩擦，应该提起来放置，如图 1-52 所示。

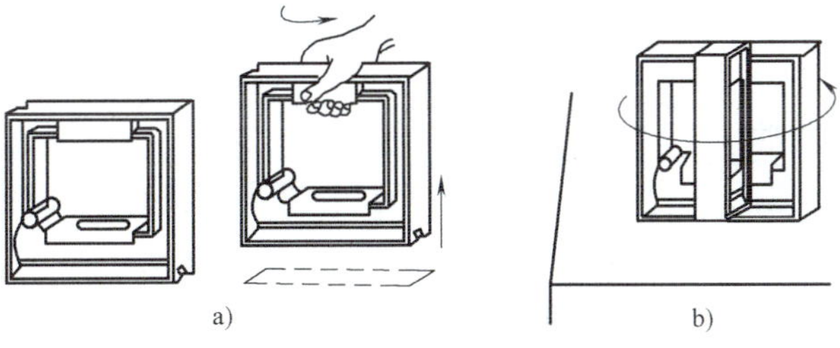

图 1-52　框式水平仪的使用

a）正确操作　b）错误操作

4）当测量长度较大的工件时，可将工件平均分为若干尺寸段，用分段测量法，根据各段的测量读数，绘出误差坐标图，以确定其误差的最大格数。

5）测量大型零件的垂直度时，如图 1-53a 所示，用框式水平仪粗调基准表面到水平，分别在基准表面和被测表面上用框式水平仪分段逐步测量，并用图解法确定基准方位，然后求出被测表面相对于基准的垂直度误差。测量小型零件时，如图 1-53b 所示，先将框式水平仪放在基准表面上，读气泡一端的数值，然后用框式水平仪的一侧紧贴垂直被测表面，气泡偏离基准表面第一次的读数值，即为被测表面的垂直度误差。

6）框式水平仪使用完后，应涂上润滑油并妥善保管好。

七、认识与使用游标万能角度尺

游标万能角度尺（图 1-54）是用游标读数，可测任意角度的量尺，一般用来测量零件的内外角度。

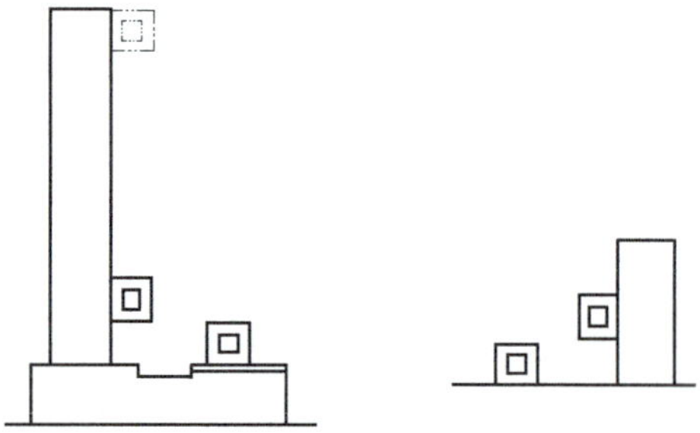

a）　　b）

图 1-53　用框式水平仪测量零件的垂直度

a）大型零件　b）小型零件

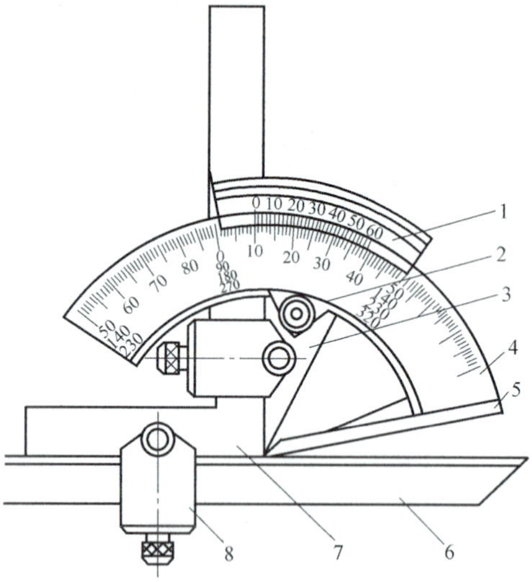

图 1-54　游标万能角度尺

1—游标　2—制动器　3—扇形板　4—尺身　5—基尺　6—直尺　7—90°角尺　8—卡块

如图 1-54 所示，游标万能角度尺由刻有角度刻线的尺身 4 和固定在扇形板 3 上的游标 1 组成。扇形板 3、直尺 6 用卡块 8 固定在 90°角尺 7 上，如果拆下 90°角尺 7，也可将直尺 6 固定在扇形板 3 上。游标万能角度尺的读数机构是根据游标原理制成的，以分度值为 2′的游标万能角度尺为例，其尺身刻度线每格为 1°，而游标刻线每格为 58′，即尺身 1 格与游标 1 格的差值为 2′，它的读数方法与游标卡尺完全相同。

用游标万能角度尺测量工件时，由于 90°角尺和直尺可以移动和拆换，游标万能角度尺可以测量 0°~320°的任何角度，如图 1-55 所示。

使用游标万能角度尺时应注意以下事项：

1）测量前，用干净纱布将游标万能角度尺擦干净，再检查各部件的相互作用是否移动平稳可靠、止动后的读数是否不动，然后对零位。

2）测量时应先校对零位，当 90°角尺与直尺均安装好，且 90°角尺的底边及基尺均与直尺无间隙接触，尺身与游标的零刻线对准时即调好零位，使用时通过改变基尺、90°角尺、直尺的相互位置，在游标万能角度尺测量范围内可测量任意角度。

3）测量完毕后，用干净纱布仔细擦干净游标万能角度尺，涂上润滑油放入盒内。

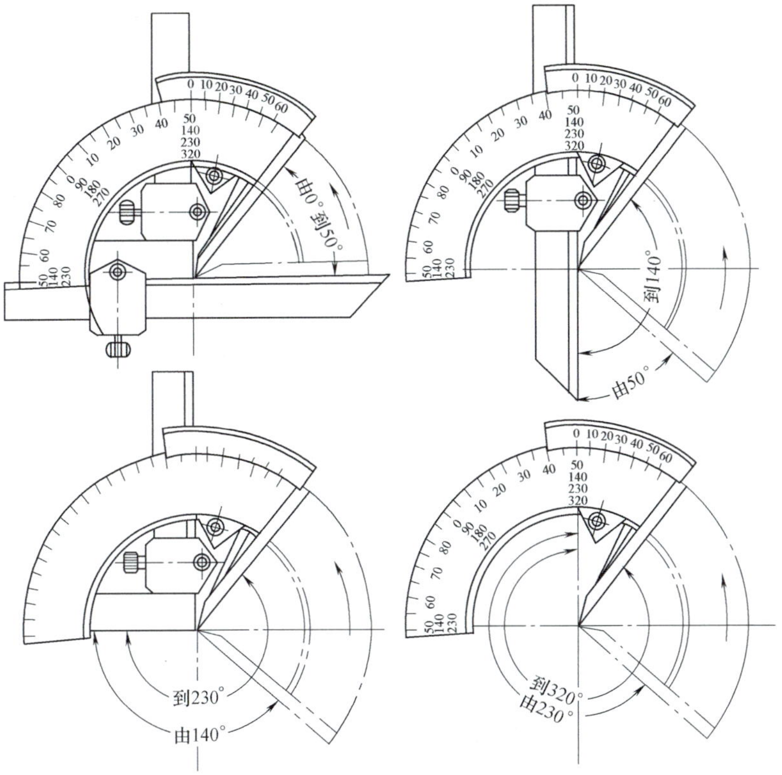

图 1-55　游标万能角度尺的测量范围

任务实施

一、游标卡尺与游标万能角度尺的使用

1. 读待测工件零件图（图 1-56）

2. 工量具准备

游标卡尺及游标万能角度尺。

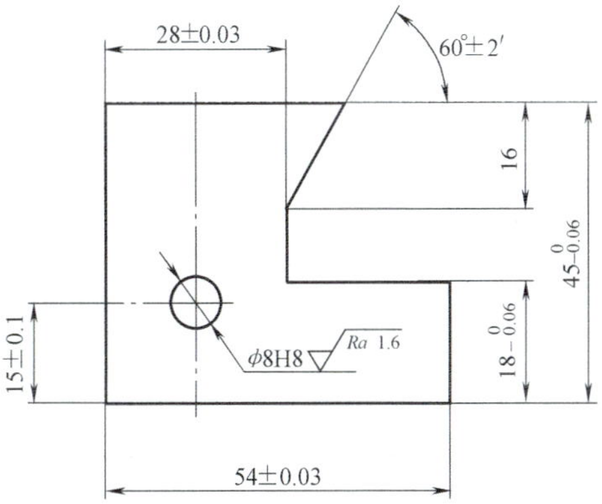

图 1-56　待测工件零件图

二、工艺过程

1）学生分组使用游标卡尺测量如图 1-57 所示的几个尺寸，并做好记录。

2）学生分组使用游标万能角度尺测量如图 1-57 所示的几个角度尺寸，并做好记录。

3）教师检查学生的测量结果是否正确。

三、任务实施

（一）用游标卡尺对线性尺寸进行测量（图 1-57），并填写表 1-9

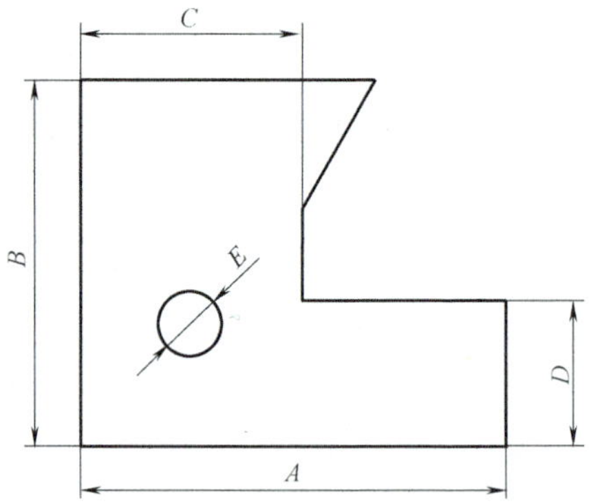

图 1-57　线性尺寸测量示意图

表 1-9　测量结果

序　号	尺　寸	测量 1	测量 2	测量 3
1	*A*			
2	*B*			
3	*C*			
4	*D*			
5	*E*			

（二）用游标万能角度尺对角度尺寸进行测量（图 1-58）

（1）用游标万能角度尺调出 60°、120°、210°、300°角。

（2）用游标万能角度尺测量工件不同的角度，并且做好记录，填入表 1-10 中。

（3）教师检查学生的完成情况。

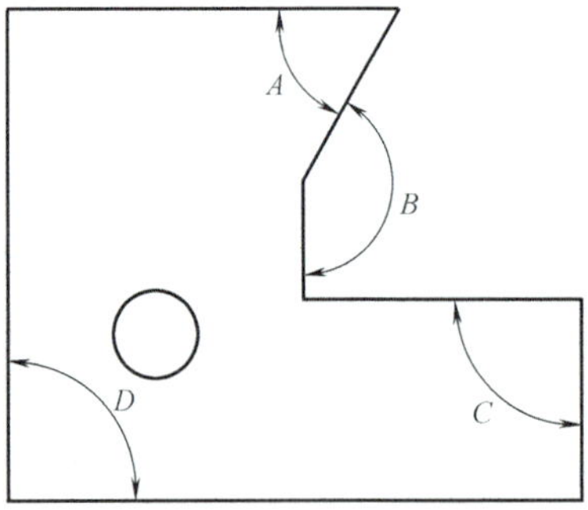

图 1-58　角度尺寸测量示意图

表 1-10　测量结果

序　号	尺　寸	测量 1	测量 2	测量 3
1	*A*			
2	*B*			
3	*C*			
4	*D*			

任务评价

表 1-11　任务评价

一、实习规范						
序号	检测项目	配分	评分标准	自评	小组互评	教师评价
1	工量具摆放	5				
2	实习态度	10				
3	实习速度	10				
4	安全文明生产	10				
二、操作方法及步骤						
类别	检测项目	配分	评分标准	自评	小组互评	教师评价
线性尺寸测量	*A*	5				
	B	5				
	C	5				
	D	5				
	E	5				
角度调整	60°	5				
	120°	5				
	210°	5				
	300°	5				
角度尺寸测量	*A*	5				
	B	5				
	C	5				
	D	5				

知识拓展

量具的维护与保养

正确地使用精密量具是保证产品质量的重要条件之一。要保持量具的精度和它工作的可靠性，除了在使用中要按照合理的使用方法进行操作以外，还必须做好量具的维护和保养工作。

1）在机床上测量零件时，要在零件完全停稳后进行，否则不但使量具的测量面过早磨损而失去精度，还会造成事故。尤其是车工在使用卡钳时，不可因卡钳操作简单，就在使用时大意，要注意铸件内常有气孔和缩孔，一旦钳脚落入气孔内，可把车工的手也拉进去，造成严重事故。

2）测量前应把量具的测量面和零件的被测量表面都要擦干净，以免因污物的存在而影响测量精度。用精密量具如游标卡尺、百分尺和百分表等，去测量锻、铸件毛坯或带有研磨剂（如金刚砂等）的表面是错误的，这样易使测量面很快磨损而失去精度。

3）量具在使用过程中，不要和工具、刀具（如锉刀、锤子、车刀和钻头等）堆放在一起，免碰伤量具；也不要随便放在机床上，免因机床振动而使量具掉下来损坏。尤其是游标卡尺等，应平放在专用盒子里，免使尺身变形。

4）量具是测量工具，绝对不能作为其他工具的代用品，例如，拿游标卡尺划线、拿百分尺当小锤子使用、拿钢直尺当螺钉旋具松紧螺钉，以及用钢直尺清理切屑等都是错误的；把量具当玩具，如把百分尺等拿在手中任意挥动或摇转等也是错误的，这些行为都易使量具失去精度。

5）温度对测量结果的影响很大，零件的精密测量一定要使零件和量具都在20℃的情况下进行测量。一般可在室温下进行测量，但必须使工件与量具的温度一致。否则，由于金属材料的热胀冷缩的特性，使测量结果不准确。温度对量具精度的影响也很大，量具不应放在阳光下或主轴箱上，因为量具温度升高后，也不能量出正确尺寸；更不要把精密量具放在热源（如电炉、热交换器等）附近，以免使量具受热变形而失去精度。

6）不要把精密量具放在磁场附近，如磨床的磁性工作台上，以免使量具感磁。

7）发现精密量具有不正常现象时，如量具表面不平、有毛刺、有锈斑、刻度不准、尺身弯曲变形及活动不灵活等，使用者不应当自行拆修，更不允许自行用锤子敲、锉刀锉、砂布打光等粗糙办法修理，以免增大量具误差。发现上述情况，使用者应当主动送计量站检修，并经检定量具精度后再继续使用。

8）量具使用后，应及时擦干净，除不锈钢量具或有保护镀层者外，金属表面应涂上一层润滑油，放在专用的盒子里，保存在干燥的地方，以免生锈。

9）精密量具应实行定期检定和保养，长期使用的精密量具，要定期送计量站进行保养和检定精度，以免因量具的示值误差超差而造成产品质量事故。

思考与练习

1. 简述分度值为0.02mm的游标卡尺的刻度原理与使用方法。
2. 简述千分尺的使用方法。
3. 简述百分表和千分表的使用方法。
4. 简述常用量具的维护与保养措施。

项目二

了解C6136A卧式车床

项目描述

车床是机床的一种，主要用于加工轴、盘、套和其他具有回转表面的工件，是机械制造和修配工厂中使用最广的一类机床。

本项目设计的目的主要是通过对 C6136A 卧式车床的了解，掌握该机床的结构组成及机床分类的方法，通过对加工产品的了解，掌握卧式车床的切削应用、工作原理以及主要的加工参数，从而为机床的拆装工作奠定基础。

任务一 认识 C6136A 卧式车床的结构

任务描述

通过认识 C6136A 卧式车床结构的任务训练，能够了解卧式车床的结构组成，熟悉车床各组成部分的功能，具备看懂机械设备技术文献、执行与职业活动相关的规章制度、保证工作安全和防止意外的能力。

知识链接

一、机床的型号

机床的型号是机床产品的代号，用来表示机床的类别、主要技术参数、性能和结构特点。机床型号用汉语拼音字母和阿拉伯数字，按一定规律组合表示。产品 CA6136A 卧式车床型号的含义，如图 2-1 所示。

二、卧式车床加工范围

本系列车床适用于车削内外圆柱面、圆锥面及其他旋转面，车削各种米制、寸制、模数和径节螺纹，并能进行钻孔和拉油槽等工作，如图 2-2 所示。

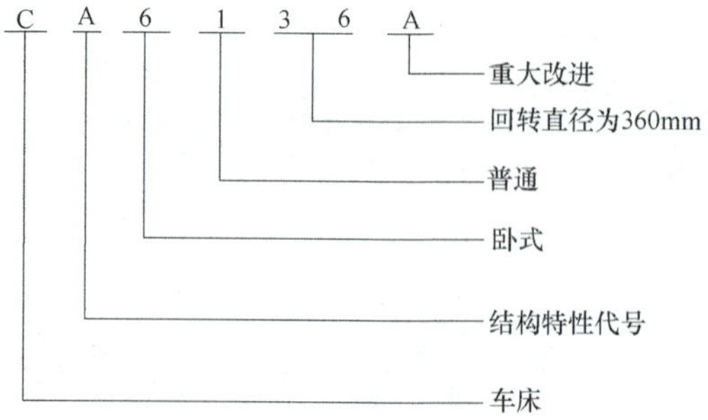

图 2-1　车床结构型号

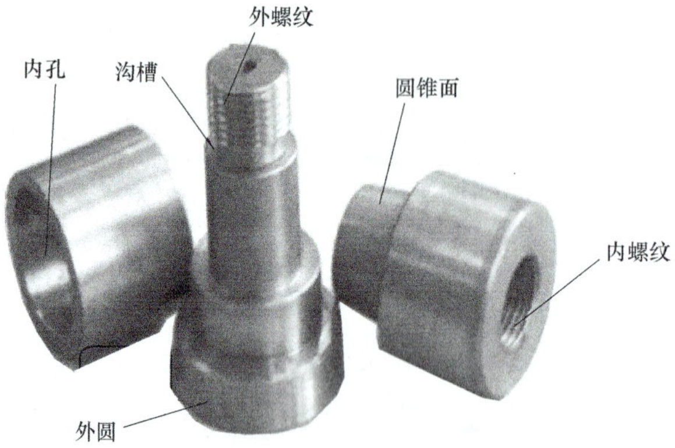

图 2-2　卧式车床加工范围

三、卧式车床技术参数（表 2-1）

表 2-1　C6136A 卧式车床技术参数

加工能力	床身上最大回转直径	360mm
	刀架上最大回转直径	190mm
	中心距	750mm
	床身宽度	360mm
主轴	主轴孔径	ϕ52mm
	主轴端部尺寸	*C*6
	主轴锥孔	莫氏锥度 6 号
	主轴转速范围(级数)	36~1400r/min(12)
进给	米制螺纹范围(种数)	0. 5~14mm(21)
	寸制螺纹范围(种数)	72~2. 5/in(30)
	模数螺纹范围(种数)	0. 25~7*m*π(17)
	径节螺纹范围(种数)	144~5D P(30)
拖架	横滑板行程	180mm
	小刀架行程	95mm
	车刀杆截面尺寸	22mm×20mm
尾座	尾座套筒锥度	莫氏锥度 5 号
	尾座套筒直径	65mm
	尾座套筒行程	160mm
主电动机		4kW
包装箱尺寸(长×宽×高)		2100mm×1020mm×1250mm

四、部件功能介绍

1. 主轴箱

主轴箱的主要任务是将主电动机传来的旋转运动经过一系列的变速机构使主轴得到所需的正反两种转向的不同转速，同时主轴箱分出部分动力将运动传给进给箱。主轴箱中的主轴是车床的关键零件，主轴在轴承上运转的平稳性直接影响工件的加工质量，一旦主轴的旋转精度降低，则车床的使用价值就会降低。

2. 进给箱

进给箱中装有进给运动的变速机构，调整该变速机构，可得到所需的进给量或螺距，通过光杠或丝杠将运动传至刀架以进行切削。

3. 丝杠与光杠

用以连接进给箱与溜板箱，并把进给箱的运动和动力传给溜板箱，使溜板箱获得纵向直线运动。丝杠是专门为车削各种螺纹而设置的，在进行工件的其他表面车削时，只用光杠，不用丝杠。

4. 溜板箱

车床进给运动的操纵箱，内装有将光杠和丝杠的旋转运动变成刀架直线运动的机构，通过光杠传动实现刀架的纵向进给运动、横向进给运动，通过丝杠带动刀架做纵向直线运动，以便车削螺纹。

5. 刀架

由两层滑板（中、小滑板）、床鞍与刀架体共同组成。用于安装车刀并带动车刀做纵向、横向或斜向运动。尾座安装在床身导轨上，并沿此导轨纵向移动，以调整其工作位置，其主要用来安装后顶尖，以支承较长工件，也可安装钻头、铰刀等进行孔加工。

6. 床身

车床中带有很高精度导轨（山形导轨和平导轨）的一个大型基础部件，用于支承和连接车床的各个部件，并保证各部件在工作时有准确的相对位置。

7. 冷却装置

冷却装置主要通过冷却水泵将水箱中的切削液加压后喷射到切削区域，降低切削温度，冲走切屑，润滑加工表面，以提高刀具使用寿命和工件的表面加工质量。

任务实施

一、准备工作

C6136A 卧式车床。

二、任务实施过程

1. 填写车床结构名称

车床主要组成部件有主轴箱、交换齿轮箱、进给箱、溜板箱、刀架、尾座、光杠、丝杠、床身、床脚和冷却装置。根据观察实物及前面知识介绍，完成图 2-3 所示的车床各部分结构名称的填写。

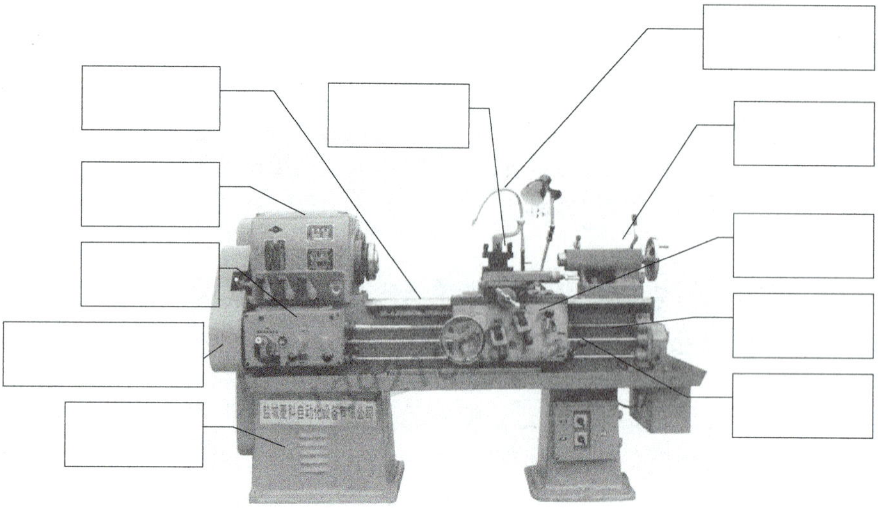

图 2-3　车床结构

2. 填写车床结构功能

1）主轴箱的主要任务是将______传来的旋转运动经过一系列的变速机构使主轴得到所需的______两种转向的不同转速，同时主轴箱分出部分动力将运动传给______。

2）进给箱中装有进给运动的变速机构，调整该变速机构，可得到所需的______或______，通过光杠或丝杠将运动传至刀架以进行切削。

3）溜板箱是车床______运动的操纵箱，内装有将______和______的旋转运动变成刀架直线运动的机构，通过光杠传动实现刀架的______进给运动、______进给运动，通过丝杠带动______做纵向直线运动，以便车削螺纹。

任务评价

表 2-2　现场记录表

姓名：________________　　学号：________________

班级：________________　　任务名称：________________

序号	检 测 项 目	自测	小组检测	教师检测	配分	得分
1	机床主要组成部件				20	
2	主轴箱主要功能				20	
3	卧式车床加工范围				20	
4	卧式车床的精度				20	
5	卧式车床技术参数				20	
合计						

时间	开始时间		结束时间	

知识拓展

1. 立式车床的介绍

立式车床（图 2-4）一般可分为单柱式和双柱式。小型立式车床一般为单柱式，大型立式车床为双柱式。立式车床结构的主要特点是它的主轴处于垂直位置，其工作台在水平面内，工件的安装调整比较方便。工作台由导轨支承，刚性好，切削平稳。有几个刀架，并能快速换刀，立式车床的加工精度可达到 IT8～IT9，表面粗糙度 *Ra* 值可达 3.2～1.6μm。立式车床的主参数为最大车削直径 *D*。

图 2-4　立式车床

2. 立式车床的特点

立式车床属于大型机械设备，用于加工径向尺寸大而轴向尺寸相对较小、形状复杂的大型和重型工件。如各种盘、轮和套类工件的圆柱面、端面、圆锥面、圆柱孔及圆锥孔等，也可借助附加装置进行车螺纹、车球面、仿形、铣削和磨削等加工。与卧式车床相比，立式车床主轴轴线为垂直布局，工作台台面处于水平面内，因此工件的夹装与找正比较方便。这种布局减轻了主轴及轴承的载荷，因此立式车床能够较长期的保持工作精度。立式车床的技术参数见表 2-3。

表 2-3　立式车床的技术参数

产品型号	C518	C5110	CJ5710
工作台直径/mm	720	900	900
最大车削直径×高度/mm	1000×630	1000×800	1000×500
最大工件质量/kg	1200	2000	2000
侧刀架行程水平/垂直/mm	500/650	500/650	
垂直刀架行程水平/垂直/mm	580/650	680/650	680/500
刀架快速移动速度/(m/min)	1.8	1.8	1.8
主电动机功率/kW	22	22	22
主电动机转速/(r/min)	1500	1500	
外形尺寸(长×宽×高)/mm	2560×2110×3050	2560×2110×3050	2210×2000×2605
主机质量/kg	6900	7200	5500

思考与练习

1. 指出 C6136A 卧式车床的主要结构名称。
2. 简述主轴箱的主要功能。

任务二 认识 C6136A 卧式车床的传动系统

任务描述

通过对车床传动系统的了解，使学生了解车床在加工工件时，需要进行哪些运动，实现各个运动的执行件和运动源是什么，进而分析车床需要有哪些传动链。了解该传动链的传动路线以及变速、换向、接通和断开的工作原理。培养学生严谨、细致的工作态度和科学有效的工作方法。

知识链接

一、车床上常用的传动副

用来传递运动和动力的装置称为传动副，车床上常用的传动副及其传动关系如下：

（1）带传动　如图 2-5 所示，常用的有平带、V 带、多楔带和同步带等。带传动靠摩擦力传动（除同步带外），结构简单，制造容易，成本低，在过载中会打滑，能起到过载保护作用。带传动的缺点是有滑动，不能用在速比要求准确的场合。

同步带是通过带上的齿形与带轮上的轮齿相啮合传递运动和动力的。同步带无相对滑动，传动比准确，传动精度高；厚度小、重量轻、传动平稳、噪声小，适用于高速传动；无

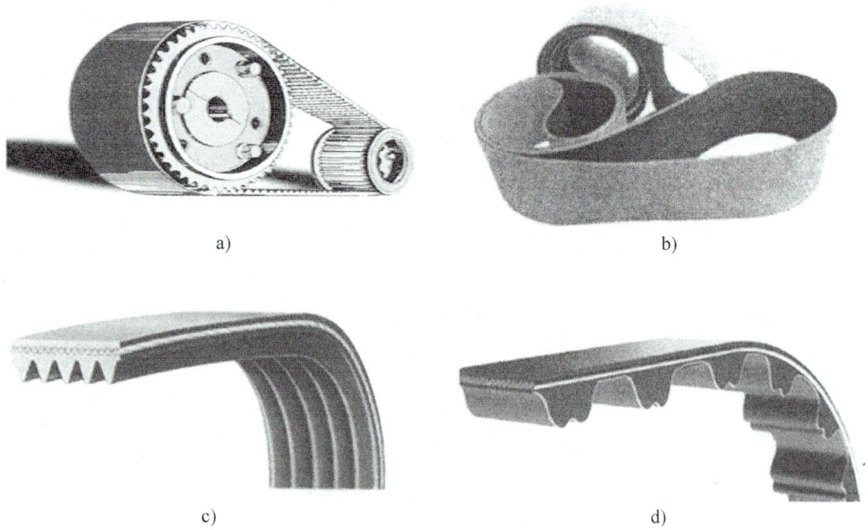

图 2-5　带传动

a）带传动机构　b）平带　c）联组三角带　d）同步带

须特别张紧，对轴和轴承压力小，传动效率高；不需要润滑，耐水、耐腐蚀，能在高温下工作，维护保养方便；传动比大。其缺点是制造工艺复杂，安装条件要求高。

（2）齿轮传动　如图 2-6 所示，齿轮传动结构简单、紧凑，能传递较大的转矩，能适应变转速、变载荷工作，应用最广。它的缺点是线速度不能过高。齿轮传动是目前车床中应用最多的一种传动方式。齿轮种类很多，如直齿圆柱齿轮、斜齿圆柱齿轮、人字齿齿轮及圆弧齿齿轮等，传动中最常用的是直齿圆柱齿轮。

a）　　b）　　c）

图 2-6　齿轮传动

a）直齿圆柱齿轮传动　b）斜齿圆柱齿轮传动　c）直齿锥齿轮传动

（3）蜗杆传动　蜗杆为主动件，将其转动传给蜗轮。这种传动方式只能是蜗杆带动蜗轮转，反之则不可能，如图 2-7 所示。

（4）齿轮齿条传动　齿轮做旋转运动，齿条则做相应的直线移动，如图 2-8 所示。

图 2-7　蜗杆传动

图 2-8　齿轮齿条传动

（5）螺杆传动　螺杆（又称丝杠）旋转，螺母不转，它们之间沿轴线方向相对移动。

二、齿轮系

在复杂的现代机械中，为了满足各种不同的需要，常常采用一系列齿轮组成的传动系统，这种由一系列相互啮合的齿轮（蜗杆、蜗轮）组成的传动系统即齿轮系。卧式车床传动链即由各类不同齿轮系构成的功能模块连接而成。

齿轮系的传动比即齿轮系中首轮与末轮角速度或转速之比。进行齿轮系传动比的计算时除计算传动比大小外，一般还要确定首、末轮的转向关系。

1. 确定一对齿轮的传动比（图 2-9）

1）计算传动比 i 的大小

$$i_{12}=n_1/n_2=z_2/z_1$$

2）确定输出轴（轮）的转向。

外啮合转向相反取“-”号，内啮合转向相同取“+”号。对于圆柱齿轮传动，从动轮与主动轮的转向关系可直接在传动比公式中表示，即 $i_{12}=\pm z_2/z_1$。

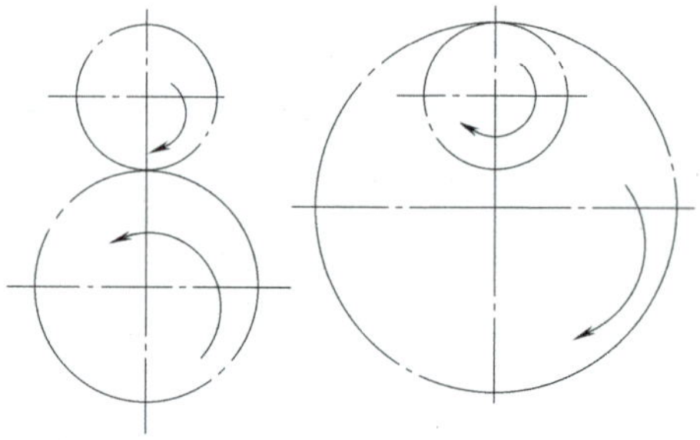

图 2-9　齿轮啮合与转向示意图

其中“+”号表示主从动轮转向相同，“-”号表示主从动轮转向相反；对于锥齿轮传动和蜗杆传动，由于主从动轮运动不在同一平面内，因此不能用“±”号法确定，锥齿轮传动、蜗杆传动和齿轮齿条传动只能用画箭头法确定。

2. 确定轮系的传动比

如图 2-10 所示为一个简单的定轴齿轮系，运动和动力是由 Ⅰ 轴经 Ⅱ 轴传递到 Ⅲ 轴。

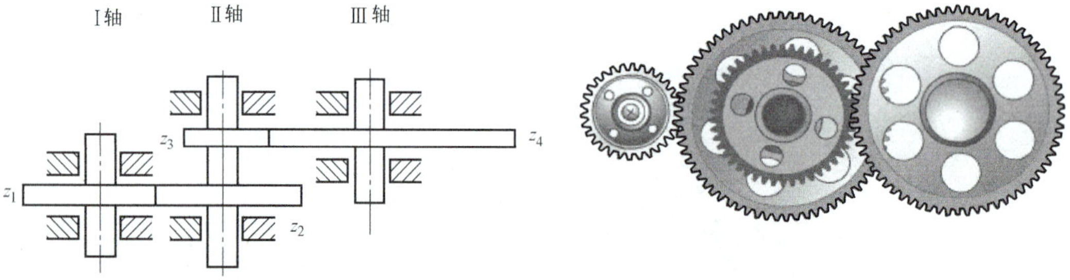

图 2-10　定轴齿轮系

Ⅰ 轴和 Ⅲ 轴的转速比，即首轮和末轮的转速比，也是定轴齿轮系的传动比。齿轮系总传动比应为各齿轮传动比的连乘积，从 Ⅰ 轴到 Ⅱ 轴和从 Ⅱ 轴到 Ⅲ 轴传动比分别为

$$i_{12}=n_1/n_2=-z_2/z_1;\quad i_{34}=n_3/n_4=-z_4/z_3$$

$$i_{14}=i_{12}\times i_{34}=\frac{n_1}{n_2}\times\frac{n_3}{n_4}=\frac{z_2}{z_1}\times\frac{z_4}{z_3}=\frac{z_2z_4}{z_1z_3}$$

3. 确定输出轴（轮）的转向

$i_{1k}=(-1)^m$ 式中：“1”表示首轮，“k”表示末轮，m 表示轮系中外啮合齿轮的对数。当 m 为奇数时传动比为正，表示首末轮转向相反；当 m 为偶数时传动比为正，表示首末轮转向相同。

注意：惰轮（中介轮）不影响传动比的大小，但改变了从动轮的转向。

任务实施

一、简易机械传动机构准备（图 2-11）

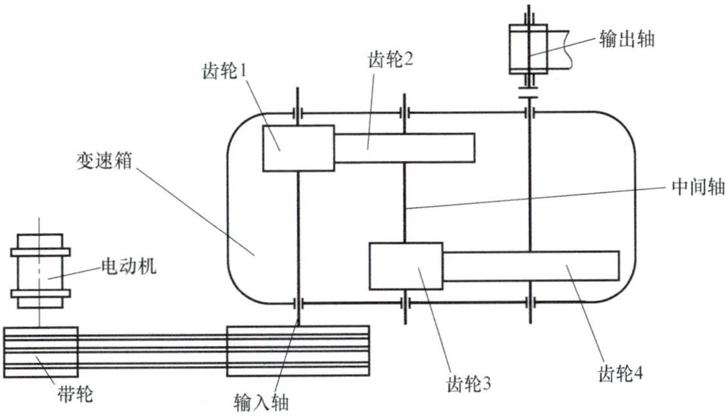

图 2-11　带式输送机传动装置

二、读懂传动机构示意图

看懂传动路线是认识机床和分析机床的基础。通常，分析传动路线的方法是“抓两端，连中间”。

三、填空

1）该系统动力源是__________。

2）动力经______装置传给输入轴，后经齿轮 1 带动齿轮 2 传给______轴，再经齿轮 3 与齿轮 4 传给______轴。

3）变速箱齿轮系传动中，首件为齿轮____，末件为齿轮______。

四、确定轮系传动比的计算及传动方向

1）已知变速箱内各直齿齿轮齿数为 $z_1=28$，$z_2=111$，$z_3=30$，$z_4=92$，则传动 $i=$______。

2）若输入轴 400r/min，则输出轴的转速为______。

3）若输入轴为正转，则输出轴为______转。

任务评价

表 2-4　现场记录表

姓名：__________________　学号：__________________

班级：__________________　任务名称：__________________

序号	检测项目	自测	小组检测	教师检测	配分	得分
1	分析传动路线的方法				20	
2	传动链填写				20	

（续）

序号	检测项目	自测	小组检测	教师检测	配分	得分
3	传动比计算				20	
4	传动末端方向判别				20	
5	简述普通机床传动路线				20	
合计						
时间	开始时间		结束时间			

知识拓展

一、机床传动系统的分析

机床运动计算按每一传动链分别进行，一般步骤为：

1）确定传动链的两端件，如电动机与主轴，主轴与刀架等。

2）根据传动链两端件的运动关系，确定它们的计算位移，即在指定的同一时间间隔内两端件的位移量。例如，车床螺纹进给传动链的计算位移为主轴转一转，刀架移动工件螺纹一个导程 L（单位为 mm）。

3）根据计算位移以及相应传动链中各个顺序排列的传动副的传动比，列写运动平衡式。

4）根据运动平衡式，计算出执行件的运动速度（转速、进给量等）或位移量，或者整理出换置机构的换置公式，然后按加工条件确定交换齿轮变速机构所需采用的交换齿轮的齿数，或确定对其他变速机构的调整要求。

二、主轴箱传动系统

如图 2-12 所示，其中电动机转速为 1440r/min，小带轮直径为 100mm，大带轮直径为 210mm。

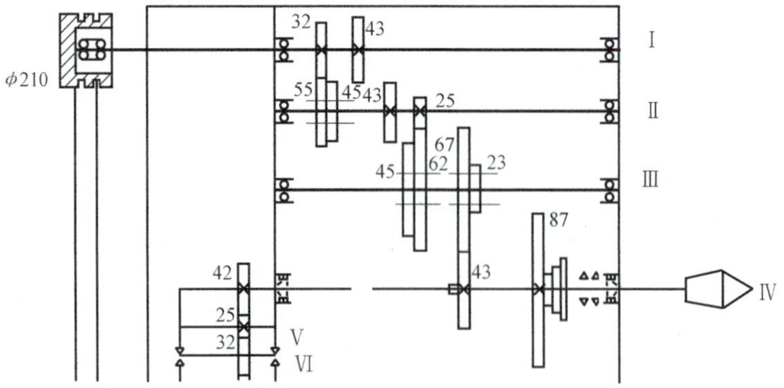

图 2-12　主轴箱传动系统图

1）首先找出该主轴箱的两个端件：动力源—电动机、执行件—主轴，然后连接中间，找出各轴之间的传动联系，这样就容易找出它们的传动路线，列出主轴箱传动路线的表达式。

2）根据传动路线表达式，可以画出转速图，如图 2-13 所示。

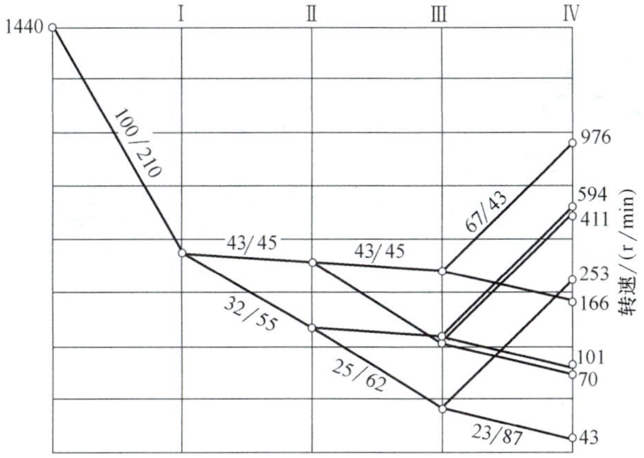

图 2-13　主轴箱转速图

$$\text{主电动机—电动机}-\frac{\phi100\text{mm}}{\phi210\text{mm}}-\text{Ⅰ}-\begin{pmatrix}\frac{43}{45}\\\frac{32}{55}\end{pmatrix}-\text{Ⅱ}-\begin{pmatrix}\frac{43}{45}\\\frac{25}{62}\end{pmatrix}-\text{Ⅲ}-\begin{pmatrix}\frac{67}{43}\\\frac{23}{87}\end{pmatrix}-\text{Ⅳ（主轴）}$$

转速级数为 2×2×2=8 级，其中最高转速和最低转速分别为

$$n_{max}=1440\text{r/min}\times\frac{100}{210}\times\frac{43}{45}\times\frac{43}{45}\times\frac{67}{43}\approx976\text{r/min}$$

$$n_{min}=1440\text{r/min}\times\frac{100}{210}\times\frac{32}{55}\times\frac{25}{62}\times\frac{23}{87}\approx43\text{r/min}$$

思考与练习

1. 简述车床在加工工件时，需要进行哪些运动？
2. 简述分析传动路线的方法。
3. 简述机床运动计算的一般步骤。

项目三

C6136A卧式车床主轴箱的拆装

项目描述

本项目以 C6136A 卧式车床主轴箱为载体，通过 C6136A 卧式车床主轴箱的拆卸及装配两个任务的训练，熟悉主轴箱的结构，正确掌握轴承、轴系及齿轮等零部件的拆装方法及操作要领。

任务一　C6136A 卧式车床主轴箱的拆卸

任务描述

通过对 C6136A 卧式车床主轴箱拆卸任务训练，依据机床进给箱拆装工艺，正确选择并使用拆装工具；从机床实物抽象出多种机构、运动副等具体结构，增强实践动手能力。

知识链接

一、主轴箱的结构与工作原理

（一）主轴箱的结构

主轴箱主要由主轴部件、其他传动轴部件及操纵机构等组成。对主轴箱内各传动件的传动关系，传动件的结构、形状、装配方式及其支承结构，说明书上常采用展开图的形式表示，实物展示如图 3-1 所示。

1. 传动轴及其支承的结构

主轴箱内Ⅰ轴的一端与带轮直接通过键连接，用于驱动其他三轴转动，该端承受运动载荷较大，故采用法兰配合两个深沟球轴承支承，便于车床在使用过程中的维护与修理。Ⅰ轴的另一端则采用单个深沟球轴承支持。Ⅰ轴上只装有一个双联固定齿轮和一定长度的轴套。

Ⅱ、Ⅲ轴两轴皆为花键轴，均采用深沟球轴承支承。Ⅱ轴上装有一个双联固定齿轮和一

图 3-1　主轴箱

个双联滑移齿轮，Ⅲ轴上安装的一对齿轮均为双联滑移齿轮。

2. 主轴部件及其支承

主轴部件主要由主轴、主轴支承及安装在主轴上的齿轮组成。主轴是空心阶梯轴，其内孔可通过长棒料或用于通过气动、液动、电动夹紧装置。主轴前端的内孔为莫氏 5 号，用于安装顶尖；其外部采用短锥法兰式结构，用于安装卡盘等夹具。短锥面便于定位和装拆，具有定心精度高、轴的悬伸短等特点；法兰上四个螺纹孔，便于用螺钉把卡盘固定在主轴上。

主轴采用双支承结构。主轴尾部的支承采用圆锥滚子轴承，型号为 32213/P6X，主轴前端的支承采用滑动轴承，两轴承大口均朝外，以增强轴系刚度，具有良好的抗振性和运动平稳性。主轴上轴承的游隙调整是利用两个圆螺母配合不同厚度的轴套来完成的，单个调整，双个防松。

3. 操纵机构

Ⅱ轴、Ⅲ轴上的滑移齿轮采用摆动式操纵机构，如图 3-2 所示。当扳动手柄 4 时，经转轴 3、摆杆 2、拨叉 1 拨动滑移齿轮做轴向移动而改变齿轮的位置，以达到变速的目的。其中，钢球 6 起定位作用，以保证滑移齿轮轴向位置正确。螺钉 5 通过弹簧可调节对钢球的压紧力，由扳动手柄 4 时的感觉确定。

（二）主轴箱的工作原理

主轴箱主要由输入轴Ⅰ、输出轴（主轴）、中间轴Ⅱ、Ⅲ构成传动轴组系统，具体由箱体、齿轮、花键轴、间隔套、键、滑动轴承、深沟球轴承、卡簧、端盖及手动调速装置等零部件组成。它的主要任务是将主电动机传来的旋转运动经过一系列的变速机构使主轴得到所需的正反两种转向的不同转速，同时主轴箱分出部分动力将运动传给进给箱。

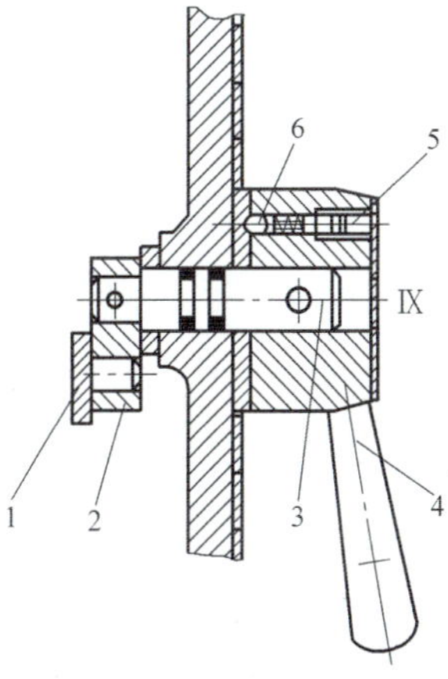

图 3-2　摆动式操纵机构

1—拨叉　2—摆杆　3—转轴　4—手柄　5—螺钉　6—钢球

二、机械拆卸的常用方法

对于机械设备的拆卸工作，应根据其零部件的结构特点，采用不同的拆卸方法。常用的拆卸方法有击卸法、顶压法、拉拔法、温差法和破坏法等。

1. 击卸法

利用锤子的冲击力打出要拆卸的零件，这种拆卸法用于零件比较结实或精度不高的零件。为保证受力均匀，常采用导向柱或导向套，导向柱或导向套的直径应略小于被拆零件的直径。如图3-3所示，可利用弹簧支承在孔中，当导向柱（套）压出被拆卸零件时，可防止损坏零件；也可在锤击时垫上软质垫料，如木材、铜垫等，或者用铜锤、木锤等，以防止锤击力过大而损坏所拆卸的零件。

如图3-4所示的拔销器，当连接头3的螺纹旋入销钉时，用撞块2冲击凸缘1，即可退出销。

如图3-5所示的起键器，在楔键头部用螺钉1将其与楔键固定压紧，利用撞块3冲击螺杆4的凸缘部分，拉出楔键。

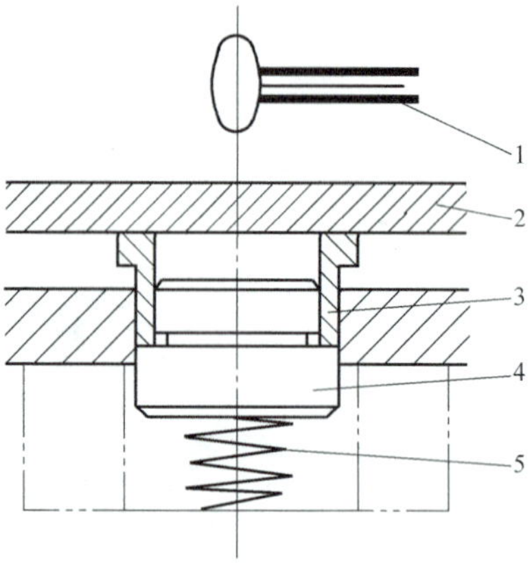

图3-3 击卸法拆卸示意

1—锤子 2—垫板 3—导向套 4—拆卸件 5—弹簧

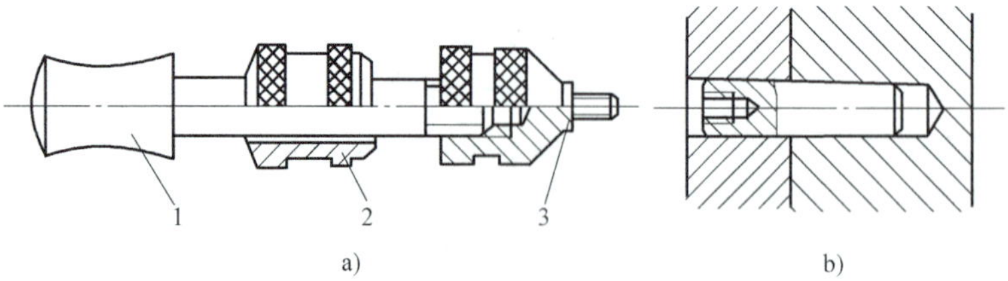

图3-4 拔销器拆卸销钉

a）拔销器 b）带内螺纹圆锥销

1—凸缘 2—撞块 3—连接头

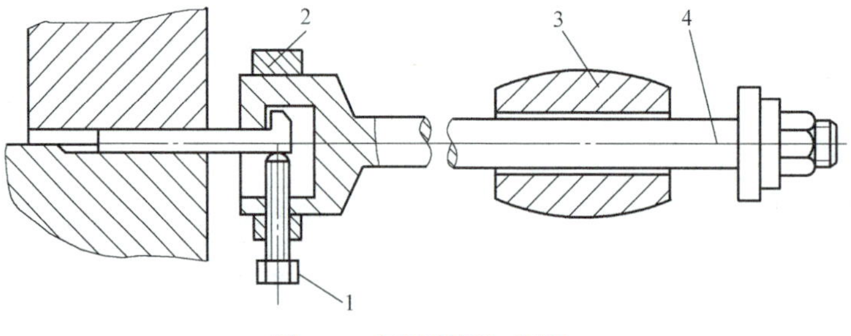

图3-5 起键器拆卸楔键

1—螺钉 2—压紧圈 3—撞块 4—螺杆

2. 顶压法

顶压法适用于形状简单的过盈配合件的拆卸，常利用油压机、螺旋压力机、千斤顶及C形夹头等进行拆卸。这种拆卸方法的作用力稳而均匀，作用力的方向容易控制，但需要一定的设备。如图3-6所示，在压力机压力 p 的作用下，齿轮与轴可实现分离，这种方法常用于有少量过盈的带轮、齿轮及滚动轴承的拆卸。

3. 拉拔法

拉拔法常用一些特殊的螺旋拆卸辅助工具，其样式较多，图3-7所示的顶拔器为可拆滚动轴承、轴套、凸缘半联轴器及带轮等的工具；它利用卡环（两个半圆）拆卸轴承，使轴承受力更均匀。图3-8所示为拆卸损坏零件的工具。

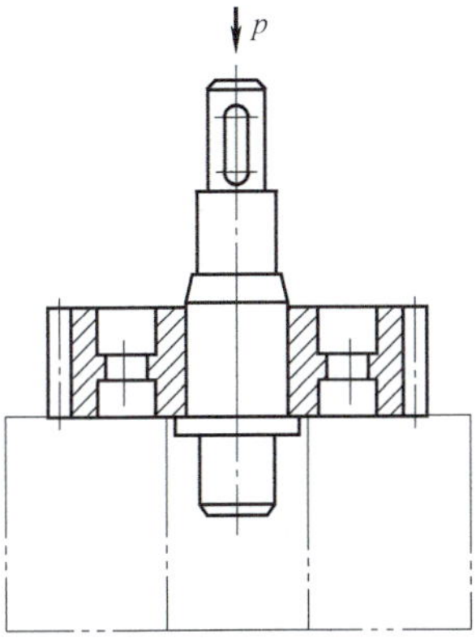

图3-6　用压力机拆卸零件

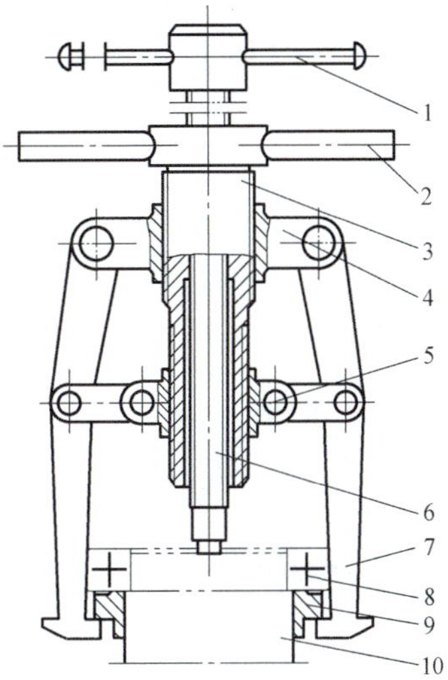

图3-7　利用顶拔器和卡环拆卸零件

1、2—手柄　3—螺母套　4—右旋螺母　5—左旋螺母　6—螺杆　7—拉杆　8—轴承　9—卡环　10—轴

采用拉拔法拆卸零件时，应注意以下事项：

1）拆卸前应熟悉拆卸部位的装配图和有关技术资料，了解拆卸部位的结构和零部件的配合情况。

2）拉卸前应仔细检查轴和轴上的定位件、紧固件等是否已完全拆除或松开，如弹性挡圈及紧定螺钉等。

3）要根据装配图确定正确的拉出方向，从箱体孔的大端将轴拉出来。拆卸时应先进行试拔，待拉出方向确定后再正式拉卸。

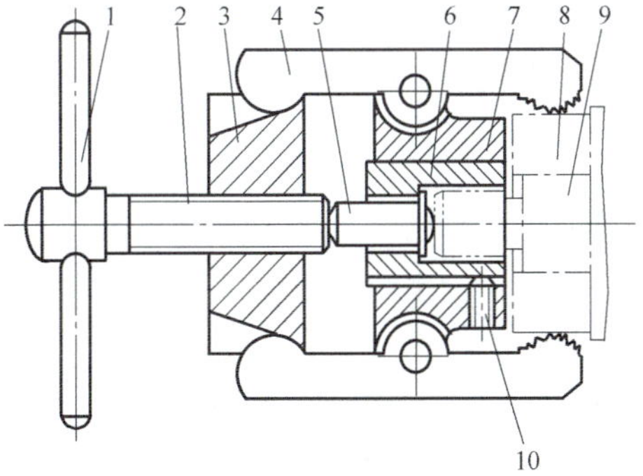

图3-8　拆卸损坏零件的工具

1—手柄　2—螺杆　3—螺母　4—夹钳　5—芯柱　6—滑套　7—支座　8—损坏零件　9—轴　10—导向螺钉

4）在拉卸轴的过程中，还要经常检查轴上的零件是否被卡住，如轴上的键易被齿轮、轴承及衬套等卡住，弹性挡圈、垫圈等易落入轴上的退刀槽内使轴被夹住，以防止影响拆卸。

5）在拉卸过程中，从轴上脱落下来的零件要设法接住，避免零件落下时被碰坏或砸坏其他零件。

4. **温差法**

温差法是采用加热包容件或冷冻被包容件，同时借助专用工具来进行拆卸的一种方法。温差法适用于拆卸尺寸较大、配合过盈量较大的零件或精度要求较高的配合件。加热或冷冻必须快速，否则会使配合件一起胀缩使包容件与被包容件不易分开。如图 3-9 所示，轴承内圈加热来拆卸轴承，在加热前用石棉把靠近轴承那一部分轴隔离开，然后在轴上套一个套圈使之与零件隔热，用拆卸工具的抓钩抓住轴承的内圈，迅速将加热到 100℃ 的油倒入，使轴承加热，然后拉出轴承。也可用干冰局部冷却轴承外圈，迅速从齿轮中拉出轴承的外圈，如图 3-10 所示。

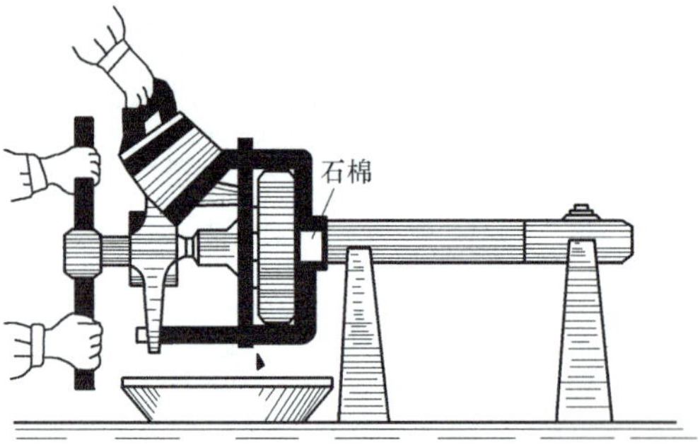

图 3-9　用热胀法拆卸轴承内圈

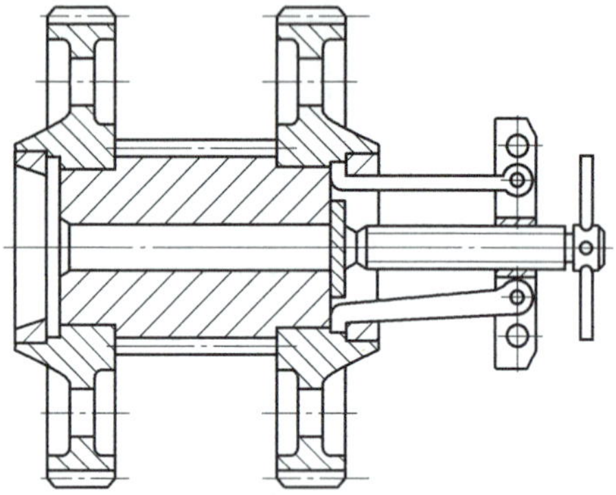

图 3-10　用冷缩法拆卸轴承外圈

5. **破坏法**

对于必须拆卸的焊接、铆接、胶接及难以拆卸的过盈连接等固定连接件，或因发生事故使花键轴扭曲变形、轴与轴套咬死及严重锈蚀而无法拆卸的连接件，可采用车、锯、錾、钻及气割等方法进行破坏性拆卸。

三、螺纹的拆装方法（表 3-1）

表 3-1　螺纹的拆装方法

内　容	操作要领	示意图
双螺母装拆法	先将两个螺母相互锁紧在双头螺栓上，拧紧时可扳动上面一个螺母，拆卸时则须扳动下面一个螺母	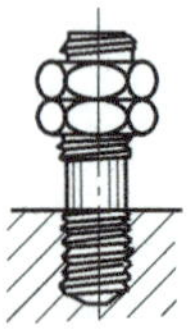
长螺母装拆法	使用时先将长螺母旋在双头螺栓上，然后拧紧顶端的止动螺钉，装拆时只要扳动长螺母，即可使双头螺栓旋紧。装配后应先将止动螺钉回松，然后再旋出长螺母	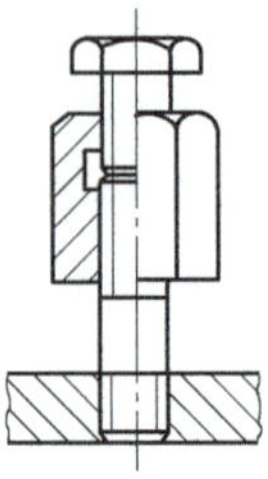

（续）

内　容	操作要领	示意图
用带有偏心盘的旋紧套筒装配双头螺栓	将双头螺栓上较短的一端旋入连接件，再安装被连接件，最后旋紧螺母。该旋具具有装拆方便、可靠的特点	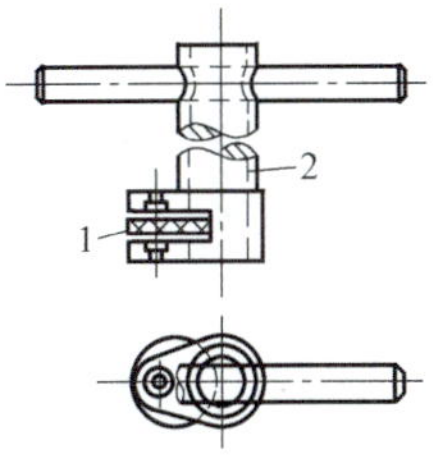 1—偏心盘　2—套筒
装配成组螺钉螺母	为了保证零件的贴合面受力均匀，应按一定顺序拧紧，如右图所示，而且不要一次完全旋紧，应按图中顺序分两次或三次旋紧	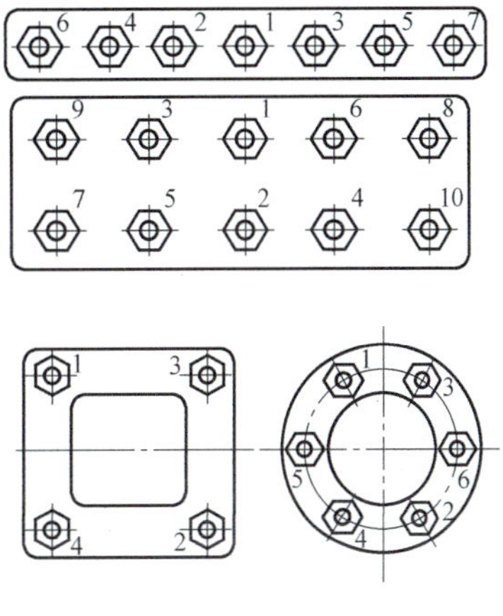

任务实施

一、工具及设备的准备

准备好扳手、锤子、顶拔器等拆卸工具及 C6136A 卧式车床。

二、确定拆卸顺序

通过查看机床说明书和相关图样，可以确定 C6136A 卧式车床主轴箱的拆卸参考顺序如下：

Ⅰ轴上V带轮 → Ⅰ轴部件 → Ⅱ轴部件 → Ⅲ轴部件 → 主轴 → 操纵机构

三、制订主轴箱拆装工艺方案参考表（表 3-2）

表 3-2　主轴箱拆装工艺方案

工艺内容	工具及工装	零　件	备　注
1. 拆卸Ⅰ轴上的 V 带轮	钩形扳手 2#	圆螺母、V 带轮、A 型平键	V 带轮拆卸可使用顶拔器
2. 拆卸Ⅰ轴右侧端盖	200mm 活扳手、一字螺钉旋具、内六角扳手	调整螺母和螺栓、端盖和内六角螺钉	
3. 拆卸Ⅰ轴部件	铜棒、锤子		拆卸过程保护螺纹不受损
4. 拉卸Ⅰ轴轴承	轴承拉卸器	深沟球轴承	
5. 取出Ⅰ轴部件			按规定顺序摆放
6. 拆卸Ⅰ轴左侧支承件	内六角扳手、铜棒、锤子	法兰、深沟滚珠轴承	
7. 拆卸Ⅱ轴右侧端盖	200mm 活扳手、一字螺钉旋具、内六角扳手	调整螺母和螺栓、端盖和内六角螺钉	
8. 拆卸Ⅱ轴左侧端盖	内六角扳手	端盖和内六角螺钉	
9. 拆卸Ⅱ轴部件	铜棒、锤子		
10. 取出Ⅱ轴部件			按规定顺序摆放
11. 拆卸Ⅲ轴右侧端盖	200mm 活扳手、一字螺钉旋具、内六角扳手	调整螺母和螺栓、端盖和内六角螺钉	
12. 拆卸Ⅲ轴左侧端盖	内六角扳手	端盖和内六角螺钉	
13. 拆卸Ⅲ轴部件	铜棒、锤子		
14. 取出Ⅲ轴部件			按规定顺序摆放
15. 拆卸调整圆螺母	钩形扳手 2#	圆螺母 M12、进给箱传动齿轮、A 型平键	
16. 拆卸主轴部件	专用铜质垫块、锤子		施力于主轴时，注意用圆螺母保护主轴末端螺纹。主轴向右移动 20mm 时停止施力
17. 取主轴与两齿轮的连接件	顶拔器	A 型平键	
18. 箱体内取出主轴部件			按要求摆放零件，做好标记
19. 拆卸圆锥滚子轴承外圈	顶拔器		
20. 拆卸滑动轴承	钩形扳手	滑动轴承、调整圆螺母	拆卸过程不可用外物敲击滑动轴承，以免影响后期的装配精度
21. 拆卸操纵机构			

四、拆卸主轴箱内各零部件（表 3-3）

表 3-3　拆卸主轴箱内各零部件

工作内容	工 作 过 程	操作方法与要点
Ⅰ轴的拆卸		利用钩形扳手松开Ⅰ轴轴端的圆螺母，取下V带轮。V带轮通过键与Ⅰ轴连接，一般为过渡配合或者较松的过盈配合，徒手取下有困难时，可以配合顶拔器将其拆卸
	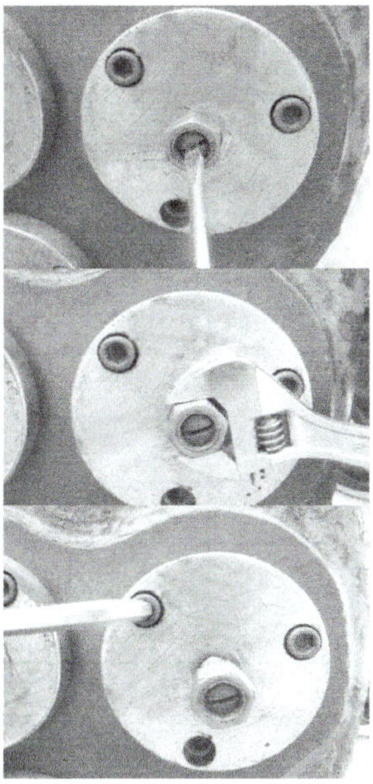	松开Ⅰ轴另一端的紧定螺钉和螺母，利用内六角扳手松开端盖上三颗螺钉，取下端盖和轴承压盖
		将圆螺母再次安装回Ⅰ轴上，用以保护螺纹在拆卸过程中不受损，用粗铜棒垫在Ⅰ轴后端（左端）用锤子予以施力，使Ⅰ轴完全脱开箱体。将Ⅰ轴前端的深沟球轴承卸下
	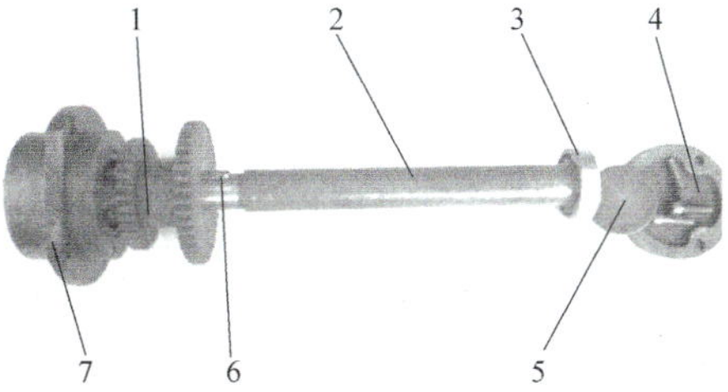	将Ⅰ轴从箱体内取出后，再将轴上其余零件一次拆卸下来，按顺序依次放好

序号	名称	备注
1	双联滑移齿轮	$z_1=32, z_2=43$
2	Ⅰ轴	
3	深沟球轴承	6306
4	端盖	3-M8×25
5	轴承盖	
6	A型平键	GB/T 1096—2003 6mm×6mm×30mm
7	法兰	含深沟球轴承×2、轴套

（续）

<table>
<tr><th>工作内容</th><th colspan="2">工 作 过 程</th><th>操作方法与要点</th></tr>
<tr><td rowspan="10">Ⅱ轴部件拆卸</td><td colspan="2">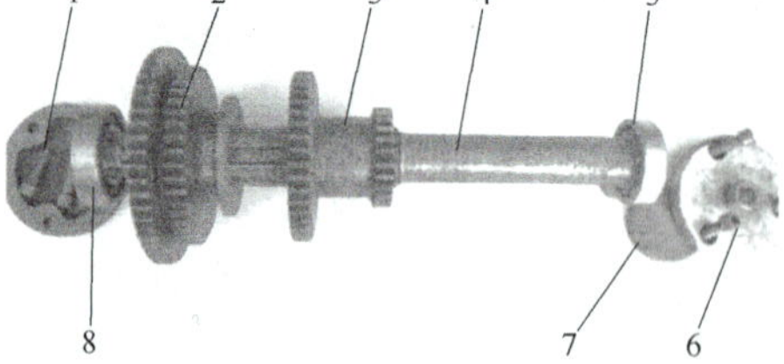
</td><td>Ⅱ轴的拆卸较Ⅰ轴相对简单，松开紧定螺钉和螺母，再利用内六角扳手分别卸下Ⅱ轴两端的端盖。将滑移齿轮滑移至最右端，用粗铜棒垫在Ⅱ轴的左端，再用锤子予以施力，使Ⅱ轴完全脱开箱体。将Ⅱ轴右端的深沟球轴承利用轴承拉卸器卸离Ⅱ轴，即可将Ⅱ轴从箱体内取出，取出Ⅱ轴后再将轴上其余零件一次拆卸下来，按顺序依次放好</td></tr>
<tr><td>序号</td><td>名称</td><td>备注</td></tr>
<tr><td>1</td><td>端盖</td><td>3-M8×25</td></tr>
<tr><td>2</td><td>双联滑移轴承</td><td>$z_1=55, z_2=45$</td></tr>
<tr><td>3</td><td>双联轴承（固定）</td><td>$z_1=43, z_2=25$</td></tr>
<tr><td>4</td><td>Ⅱ轴</td><td></td></tr>
<tr><td>5</td><td>深沟球轴承</td><td>6307</td></tr>
<tr><td>6</td><td>端盖</td><td></td></tr>
<tr><td>7</td><td>轴承盖</td><td></td></tr>
<tr><td>8</td><td>深沟球轴承</td><td>6306</td></tr>
<tr><td rowspan="10">Ⅲ轴部件拆卸</td><td colspan="2">
</td><td>Ⅲ轴的拆卸过程与Ⅱ轴类似，松开紧定螺钉和螺母，再利用内六角扳手分别卸下Ⅲ轴两端端盖。将Ⅲ轴上两个滑移齿轮都滑移至最右端，用粗铜棒垫在Ⅲ轴的左端，再用锤子予以施力，使Ⅲ轴完全脱开箱体。将Ⅲ轴右端的深沟球轴承卸下，即可将Ⅲ轴总箱体内取出，取出Ⅲ轴后再将轴上其余零件一次拆卸下来，按顺序依次放好</td></tr>
<tr><td>序号</td><td>名称</td><td>备注</td></tr>
<tr><td>1</td><td>端盖</td><td>3-M8×25</td></tr>
<tr><td>2</td><td>深沟球轴承</td><td>6307</td></tr>
<tr><td>3</td><td>Ⅲ轴</td><td></td></tr>
<tr><td>4</td><td>双联滑移轴承</td><td>$z_1=45, z_2=62$</td></tr>
<tr><td>5</td><td>双联滑移轴承</td><td>$z_1=67, z_2=23$</td></tr>
<tr><td>6</td><td>深沟球轴承</td><td>6306</td></tr>
<tr><td>7</td><td>端盖</td><td>3-M8×25</td></tr>
<tr><td>8</td><td>轴承盖</td><td></td></tr>
</table>

（续）

工作内容	工 作 过 程	操作方法与要点
主轴部件拆卸		利用钩形扳手将两个圆螺母松开并卸离主轴，卸下齿轮。松开 TCN 型精密锁紧螺母 10，直至螺母 10 完全卸离主轴螺纹段 将铜质垫块安插在主轴左端后用锤子施力，待主轴向右端退至 20mm 左右时停止施力。在主轴上的齿轮 4 向左移动一定距离后，将其与主轴的连接件 A 型平键 9 取出，再将固定齿轮 8 向左移动一定距离，也将其与主轴的连接件 A 型平键 5 取出，以保护主轴在拆卸过程中铜质垫块的滑动轴承不受损坏。取出 A 型平键 5 和 9 后，继续用锤子施力，直至主轴完全卸离箱体。主轴卸离箱体后，主轴左端支承件圆锥滚子轴承 1 的外圈还固定在箱体内，可利用轴承拉卸器，将其卸离箱体，不可用铜棒或者锤子强行拆卸，以免损坏箱体孔
	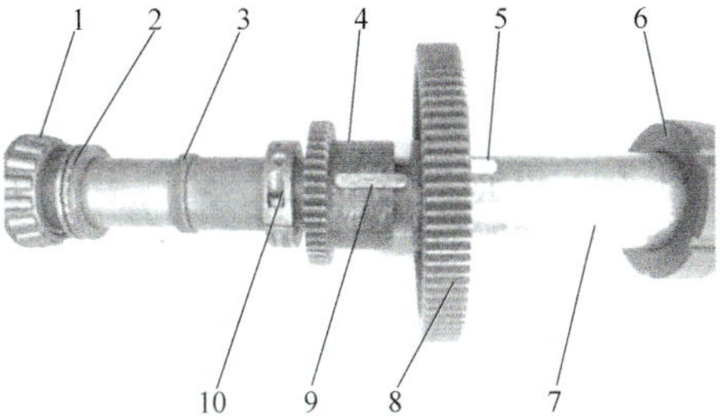	取出主轴后再将轴上其余零件一次拆卸下来，按顺序依次放好

序号	名称	备注
1	圆锥滚子轴承	32213
2	推力球轴承	51113
3	轴套	
4	齿轮	$z=43$
5	A 型平键	GB/T 1096—2003 8mm×5mm×15mm
6	卡盘螺母	M150
7	主轴	
8	齿轮	$z=87$
9	A 型平键	GB/T 1096—2003 8mm×5mm×50mm
10	TCN 型精密性锁紧螺母	

（续）

工作内容	工作过程	操作方法与要点
操纵机构拆卸	 	主轴上总计有三个独立操纵机构，结构一致，拆卸方法基本相同。现以A操作机构为例加以说明： （1）分别将手柄块与经转轴、摆杆与经转轴的连接件取出，即可将手柄块、摆杆和拨叉卸离主轴箱 （2）利用细铜棒垫在经转轴一端，用锤子施力，直至经转轴卸离主轴箱 （3）拆卸下的操作机构所有零件按照规定有顺序的摆放

任务评价

表3-4　现场记录表

姓名：______　学号：______

班级：______　任务名称：______

安全、文明生产	安全规范	好 □	一般 □	差 □
	工具、量具的放置合理	合理 □		不合理 □
	正确选择工具	好 □	一般□	差 □
	工具操作规范	好 □	一般 □	差 □
	拆装工艺顺序	合理 □		不合理 □
	发生重大安全事故、严重违反操作规程者取消成绩	（事故状态）：		
	备注			
规范操作	机床的熟知和图样的阅读	规范□		不规范□
	工艺的制订	规范□		不规范□
	Ⅰ轴拆卸	规范□		不规范□
	Ⅱ轴拆卸	规范□		不规范□
	Ⅲ轴拆卸	规范□		不规范□
	主轴拆卸	规范□		不规范□
	备注			
时间	开始时间		结束时间	

知识链接

滚动轴承的拆卸

滚动轴承的拆卸方法与其结构有关。对于拆卸后还要重复使用的轴承，拆卸时不能损坏其配合表面，也不能将拆卸时所施加的作用力加在滚动体上。常用的拆卸方法及拆卸工具如图 3-11 所示。图 3-12 所示的拆卸方法是不正确的。

对于圆柱滚子轴承的拆卸，可以用压力机将轴承压出，如图 3-13 所示；也可采用顶拔器拉出的方法，如图 3-14 所示。

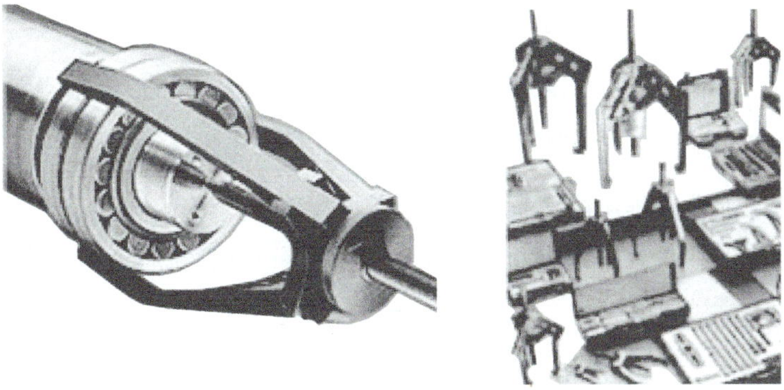

a)　　b)

图 3-11　滚动轴承常用拆卸方法及拆卸工具

a）拆卸方法　b）拆卸工具

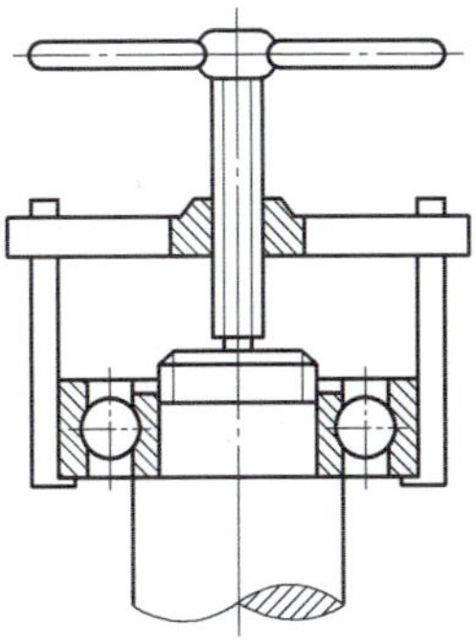

图 3-12　不正确的拆卸方法

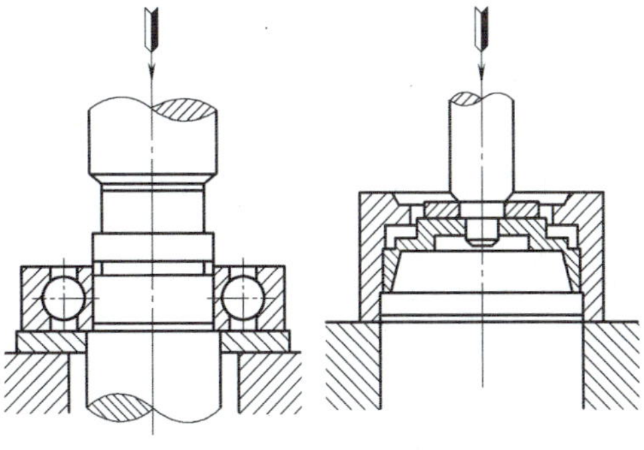

a)　　b)

图 3-13　用压力机拆卸圆柱滚子轴承

a）从轴上压出轴承　b）拆卸可分离轴承

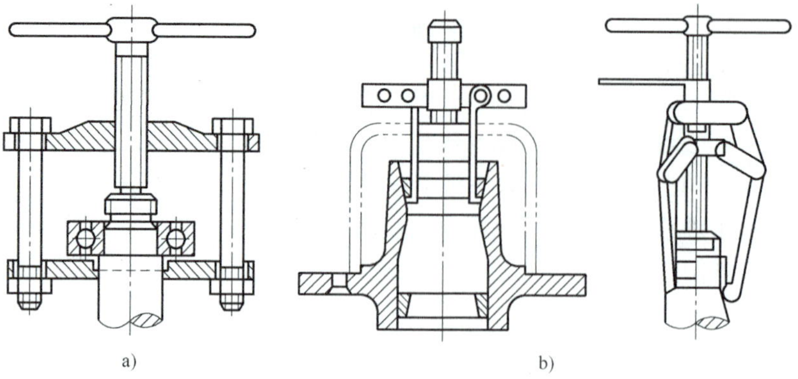

图 3-14 用顶拔器拆卸滚动轴承
a）用双杆顶拔器拆卸 b）用三杆顶拔器拆卸

圆锥滚子轴承可直接装在锥形轴颈上，或装在紧定套上。拆卸时，先拧松锁紧螺母，然后用软金属棒和锤子，向锁紧螺母的方向敲击，可将轴承拆下，如图 3-15 所示。

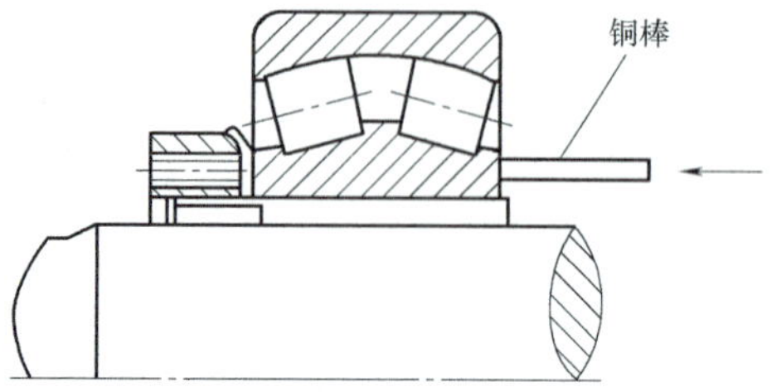

图 3-15 带紧定套轴承的拆卸

思考与练习

1. C6136A 卧式车床主轴箱的主轴上有几个轴承？轴承拆卸注意点有哪些？
2. 说明 C6136A 卧式车床主轴箱的变速操纵机构的工作原理。
3. 拆卸 C6136A 卧式车床主轴箱的主轴时应注意哪些问题？

任务二 C6136A 卧式车床主轴箱的装配

任务描述

通过对 C6136A 卧式车床主轴箱的装配技术训练，一方面要读懂变速箱的装配图，熟悉零件之间的装配关系、机构的运动原理及功能以及理解图上的技术要求；另一方面熟悉基本零件的装配方法，如轴承、齿轮的装配与调整，能够按照装配规范，正确使用机械装配工具和量具完成车床主轴箱的装配。

知识链接

一、主轴箱零部件介绍（表 3-5）

表 3-5　主轴箱零部件

名称	实物图片	零件名称	数量	实物图片
I 轴		I 轴	1	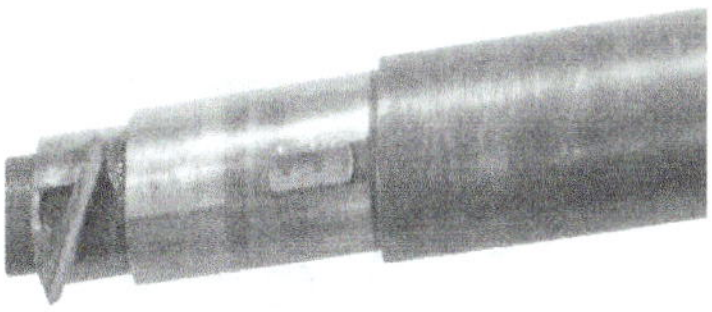
		带轮	1	
		双联齿轮	1	
		轴承 6306	左 2 右 1	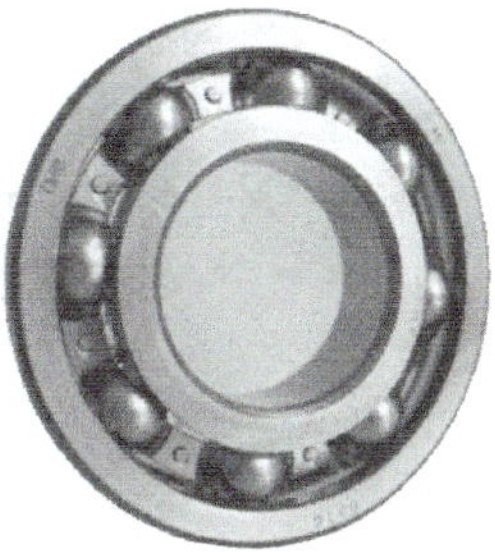

（续）

名称	实物图片	零件名称	数量	实物图片
Ⅰ轴		法兰	1	
		平键	2	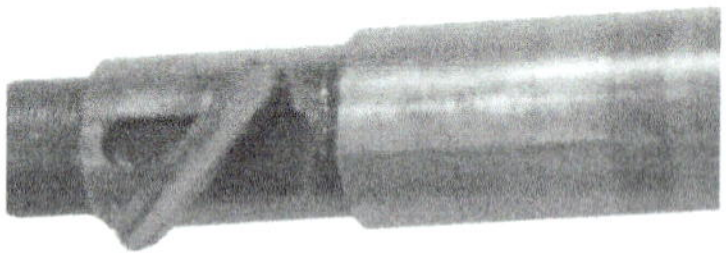
		开口垫片	1	
Ⅱ轴	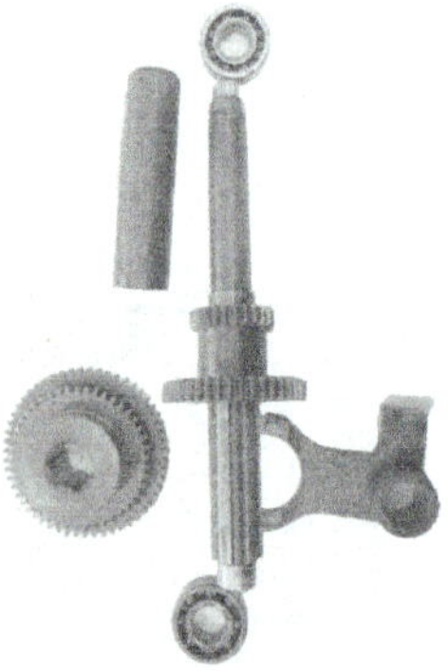	Ⅱ轴	1	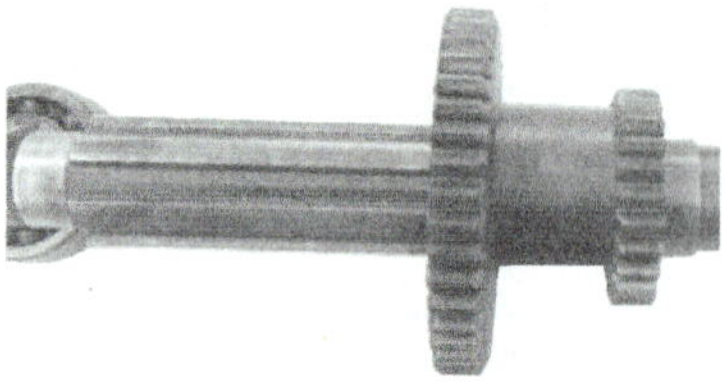
		固定双联齿轮	1	

（续）

名称	实物图片	零件名称	数量	实物图片
Ⅱ轴	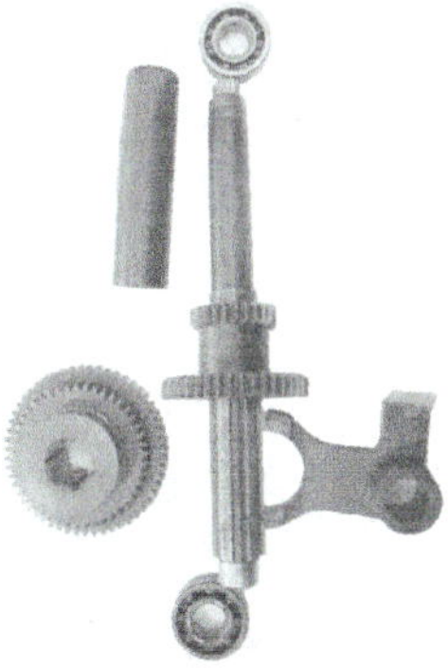	滑移双联齿轮	1	
		齿轮隔离套	1	
		轴承 6307、6306	各 1	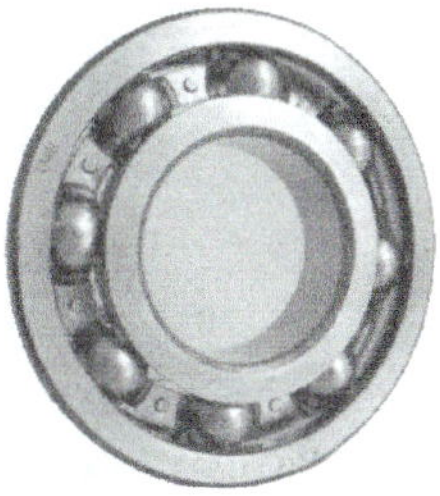
		拨叉	1	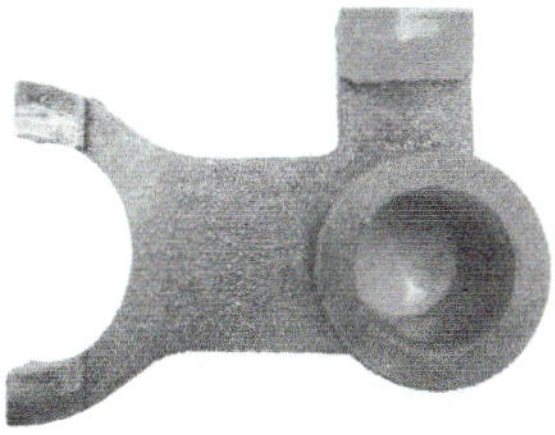
		平键	1	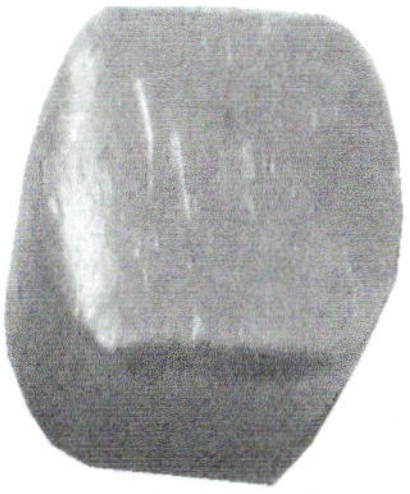

（续）

名称	实物图片	零件名称	数量	实物图片
Ⅲ轴		花键轴	1	
		双联滑移齿轮	1	
		双联滑移齿轮	1	
		球轴承 6307、6306	各 1	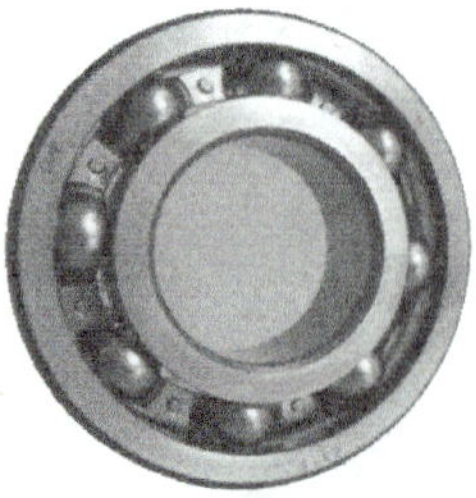

（续）

<table>
<tr><th>名称</th><th>实物图片</th><th>零件名称</th><th>数量</th><th>实物图片</th></tr>
<tr><td rowspan="4">主轴</td><td rowspan="4">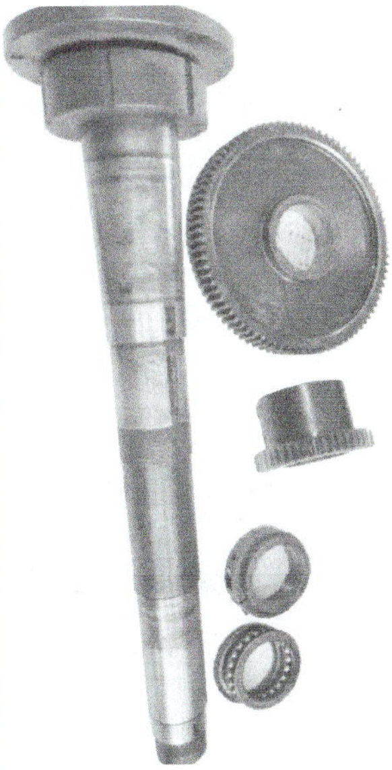</td><td>主轴</td><td>1</td><td>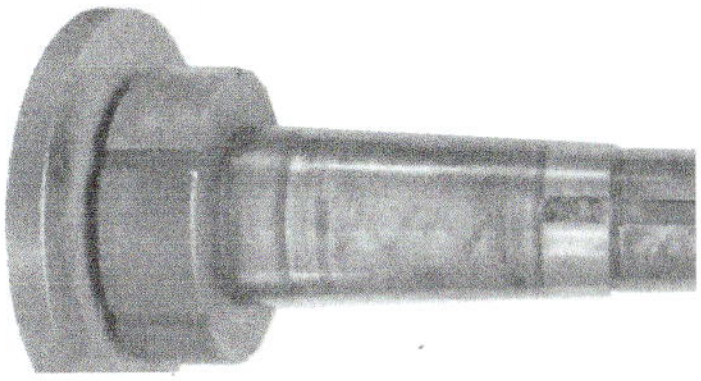</td></tr>
<tr><td>固定齿轮 1</td><td>1</td><td></td></tr>
<tr><td>固定齿轮 2</td><td>1</td><td></td></tr>
<tr><td>开槽弹性螺母</td><td>1</td><td></td></tr>
</table>

（续）

名称	实物图片	零件名称	数量	实物图片
主轴	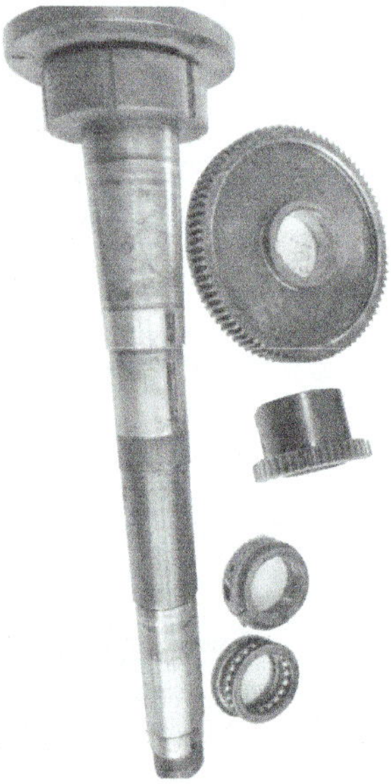	滑动轴承	1	
		推力球轴承 51113	1	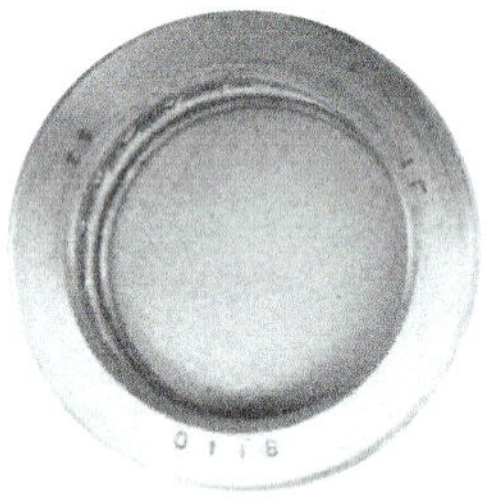
		圆锥滚子轴承 32213	1	
		平键	3	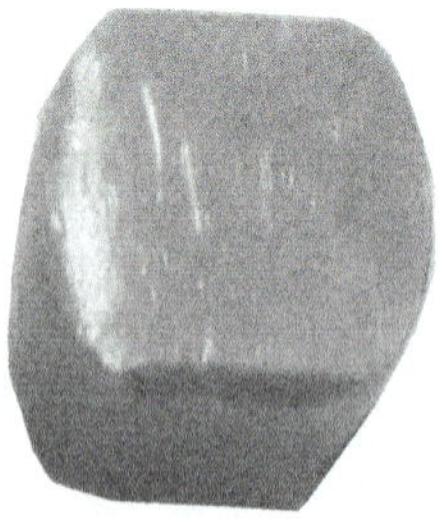

二、圆柱齿轮的装配

（一）齿轮与轴的装配

齿轮装配后固定不动的一般采用过盈配合进行装配，滑动齿轮的装配一般用间隙配合进行装配。过盈配合的装配一般采用热装法，齿轮在加热后进行装配。加热方法一般有油加热和电加热两种。冷装法一般采用压力机进行装配，也可采用铜棒锤击的方式。滑动齿轮的装配一般先用齿轮进行试装，不合适的地方一般进行锉削修理后再装配。

如果用热装的方式装配，首先计算出两者的最大过盈量，然后预留出装配间隙，两值之和便是齿轮需要的膨胀量，然后根据膨胀量计算出需要加热的温度，当加热完后齿轮还要再测量内径，避免装到一半装不进使齿轮及齿轮轴报废。

1. 齿轮和轴的装配出现的几种误差

如图 3-16 所示，图 3-16a 所示为齿轮与轴的中心不重合，出现偏心，运转后会出现齿轮的径向圆跳动；图 3-16b 所示为齿轮与轴的中心线歪斜，运转后会出现齿轮的轴向和径向圆跳动；图 3-16c 所示为齿轮端面未与轴肩贴合，运转后会出现齿轮位移与松动。

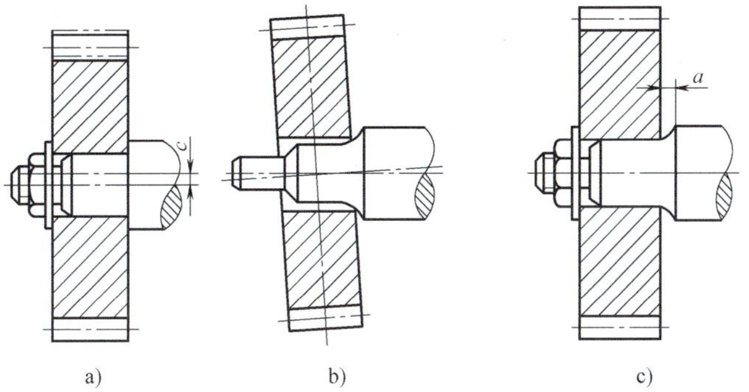

图 3-16　齿轮和轴的装配误差示意图

a）齿轮与轴的中心不重合　b）齿轮与轴的中心线歪斜　c）齿轮端面与轴肩贴合不到位

2. 齿轮和轴的装配出现的几种误差的检测

图 3-17 所示为齿轮径向圆跳动量的检测示意图，具体方法是将装配好的齿轮与轴置于两个等高 V 形架上，用百分表分别测轴和齿轮在径向的示值变动量，即径向圆跳动误差。

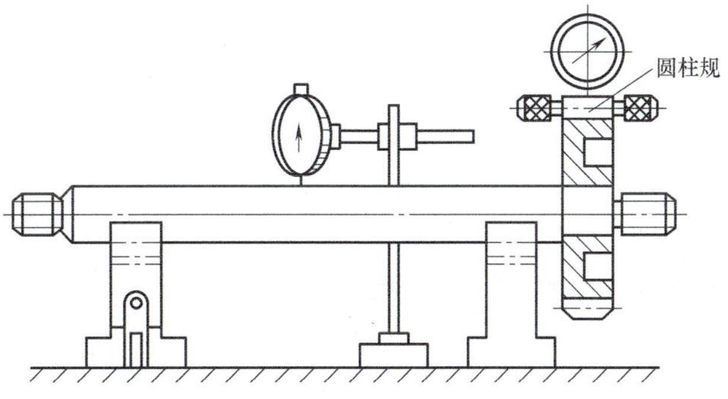

图 3-17　齿轮径向圆跳动量的检测示意图

图 3-18 所示为齿轮轴向圆跳动量的检测示意图，具体方法是将装配好的齿轮与轴置于两端中心等高支架上，用百分表分别测齿轮在端面的示值变动量，即轴向圆跳动误差。

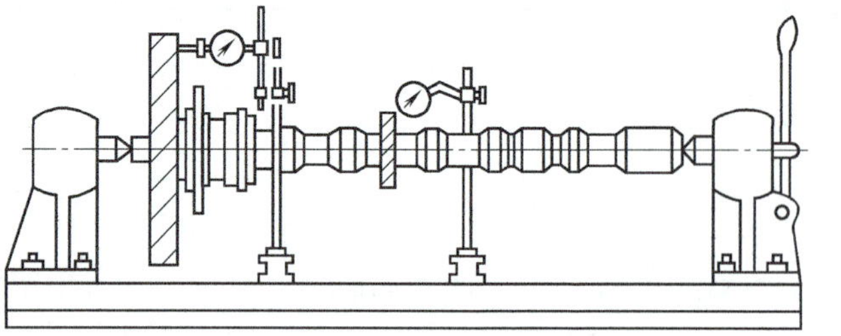

图 3-18　齿轮轴向圆跳动量的检测示意图

（二）齿轮轴与箱体的装配

齿轮啮合质量的好坏，除了齿轮本身的制造精度外，箱体孔的尺寸精度，几何精度也对其有直接的影响，所以在齿轮轴组件装入箱体前，应对箱体进行检查。

1. 装配前的检查

（1）孔距的检查　相互啮合的一对齿轮的安装中心距是影响其齿侧间隙的主要因素，应在规定的公差范围内。孔距检查方法如图 3-19 所示，用游标卡尺分别测得各尺寸，然后计算出中心距 A

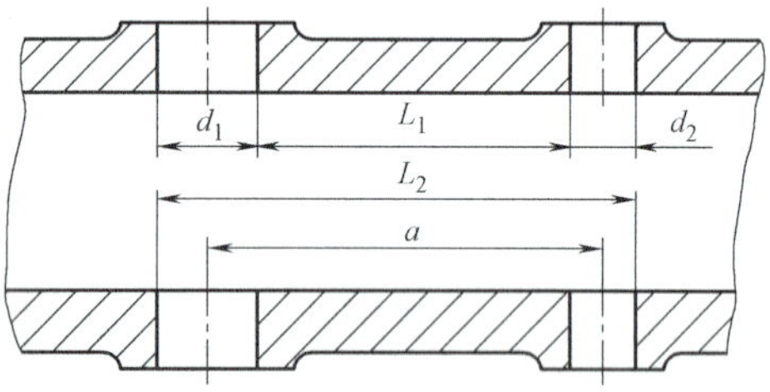

图 3-19　孔距的检查示意图

$$A=L_1+\frac{d_1+d_2}{2}\text{或者 }A=L_2-\frac{d_1+d_2}{2}$$

（2）孔系（轴系）平行度检验　孔系平行度影响齿轮的啮合位置和面积，检验方法如图 3-20 所示。分别测出检验棒两端尺寸 M_1 和 M_2，然后计算两空轴线的平行度误差值

$$A=\frac{M_1+M_2}{2}-\frac{d_1+d_2}{2}$$

（3）轴线与基面距离尺寸精度和平行度检验　检验方法如图 3-21 所示，箱体用等高垫块支承在平板上，检验棒与孔紧密配合，用高度尺测量检验棒两端尺寸 h_1 和 h_2，则轴线与基面的距离为

$$h=\frac{h_1+h_2}{2}-\frac{d}{2}-a$$

平行度误差为

$$\Delta=h_1-h_2$$

（4）孔中心线与端面垂直度检验　如图 3-22 所示，图 3-22a 所示为将带圆盘的专用检验棒插入孔中，用涂色法或塞尺检查孔中心线与端面的垂直度。图 3-22b所示为用检验棒和百分表检查，检验棒转动一周读数最大与最小值之差，即为端面对孔中心线的垂直度误差。

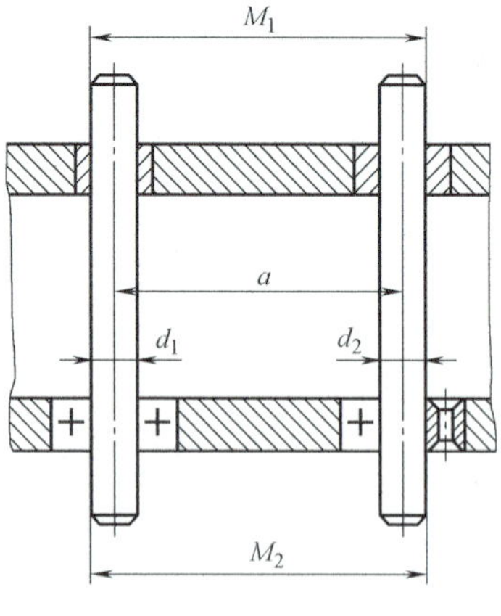

图 3-20　孔系（轴系）平行度检验示意图

（5）孔中心线同轴度检验　如图 3-23 所示，图

3-23a所示为成批生产时，用专用检验棒进行检验，若检验棒能自由地推入几个孔中，则表明孔同轴度合格。图 3-23b 所示为用百分表检验棒检验，转动检验棒一周内，百分表最大读数与最小读数之差的一半即为同轴度误差值。

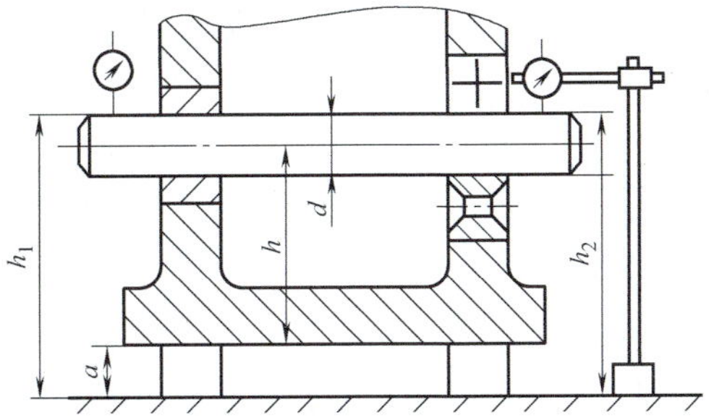

图 3-21　轴线与基面距离尺寸精度和平行度检验示意图

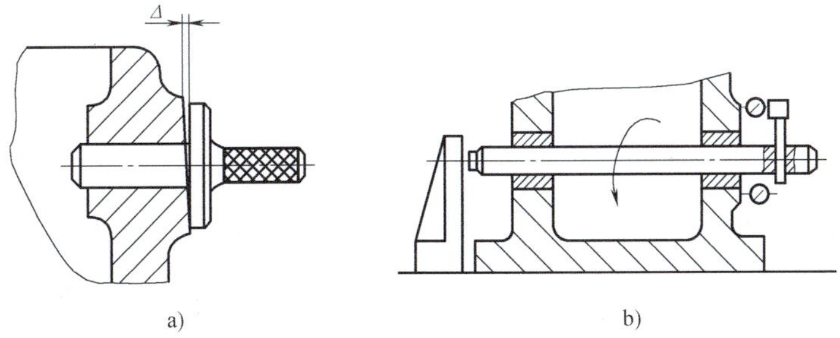

图 3-22　孔中心线与端面垂直度检验示意图

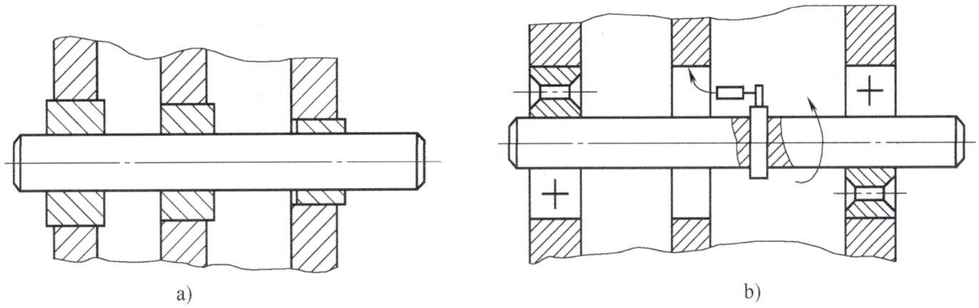

图 3-23　孔中心线同轴度检验示意图

2. 装配后的检查

齿轮轴组件装入箱体后，应对齿轮啮合质量进行检查。齿轮的啮合质量包括齿侧间隙和接触精度。

（1）齿侧间隙的检验　齿侧间隙最简单最直观的检验方法就是压铅丝法。如图 3-24 所示，在齿宽两端的齿面上，平行放置两条直径约为齿侧间隙 4 倍的铅丝，转动啮合齿轮来挤压铅丝，铅丝被挤压后最薄处的厚度尺寸就是齿侧间隙。图 3-25 所示为打表法检验小模数齿轮啮合中的齿侧间隙。

（2）接触精度的检验　接触精度指接触印痕面积的大小和接触位置，一般用涂色法检验。检验时，将红丹粉涂在齿轮的齿面上，然后转动主动齿轮并轻微制动从动齿轮。对于双向工作的齿轮，正反两个方向都要进行检验。

齿轮上接触印痕面积的大小，应根据精度要求而定。一般传动齿轮在齿廓高度上的接触斑点不少于30%~50%，在齿廓宽度上的不少于40%~70%，接触斑点分布情况如图3-26所示。正常接触印痕应在齿面中部，其位置应在节圆处上下对称分布，如图3-26a所示；如果接触点偏上，表明中心距偏大，如图3-26b所示；接触偏下，表明中心距偏小，如图3-26c所示；接触点偏在一端，表明中心距歪斜，如图3-26d所示。

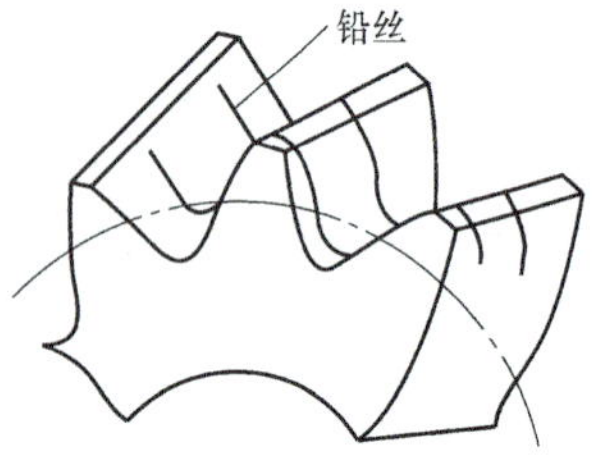

图3-24 压铅丝法检验齿侧间隙

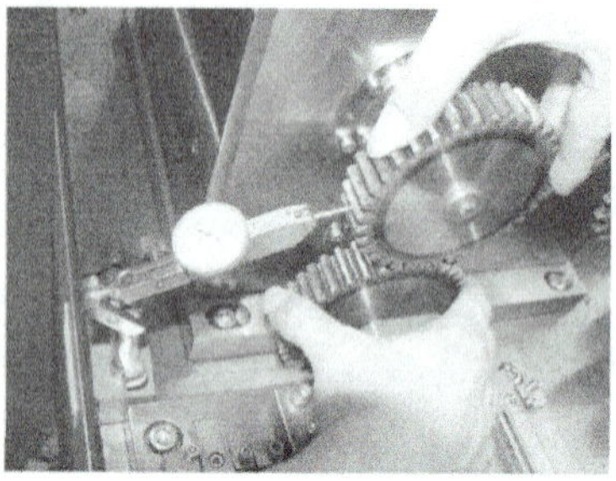

图3-25 打表法检验小模数齿轮啮合中的齿侧间隙

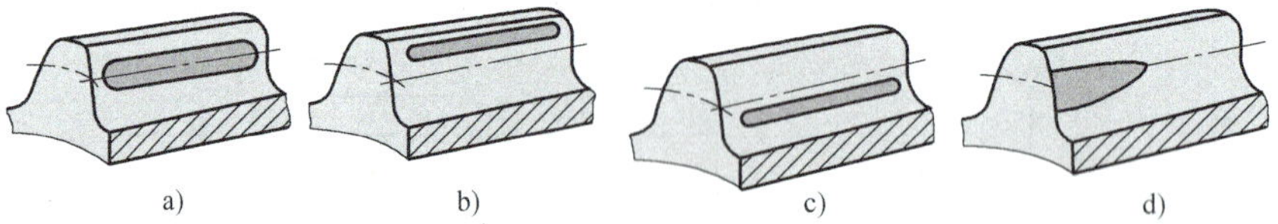

图3-26 接触斑点分布情况示意图

影响齿轮接触精度的主要因素是齿形误差及安装精度。若接触位置正确而接触面积太小，是由于齿形误差太大所致，应在齿面上加研磨剂，并使两齿轮转动进行研磨，以增大接触面积。

三、轴承的安装方法

轴承的安装应根据轴承结构、尺寸大小和轴承部件的配合性质而定，压力应直接加在紧配合的套圈端面上，不得通过滚动体传递压力。采用哪种方法，取决于轴承设计（可分离的还是不可分离的）、轴承尺寸、孔的类型（圆柱孔或圆锥孔）。冷态（机械）法适用于小尺寸轴承（孔径小于80mm）、圆柱和圆锥孔，热态法适用于圆柱孔轴承，液压法适用于带锥孔的大轴承安装。轴承的安装一般采用如下方法：

1. 冷态法

（1）不可分离轴承的安装　轴承内圈与轴是紧配合，外圈与轴承座孔是较松配合时，可用压力机将轴承先压装在轴上，然后将轴连同轴承一起装入轴承座孔内。压装时，在轴承内圈的端面上垫一软金属材料（铜或软钢）做的装配套管，装配套管的内径应比轴颈直径略大，外径直径应比轴承内圈挡边略小，以免压在保持架上，如图3-27所示。

轴承外圈与轴承座孔是紧配合，内圈与轴为较松配合时，可将轴承先压入轴承座孔内，这时装配套管的外径应略小于座孔的直径。如果轴承套圈与轴及座孔都是紧配合时，安装时，内圈和外圈要同时压入轴和座孔，装配套管的结构应能同时压紧轴承内圈和外圈的端面，具体方法如图3-28所示。

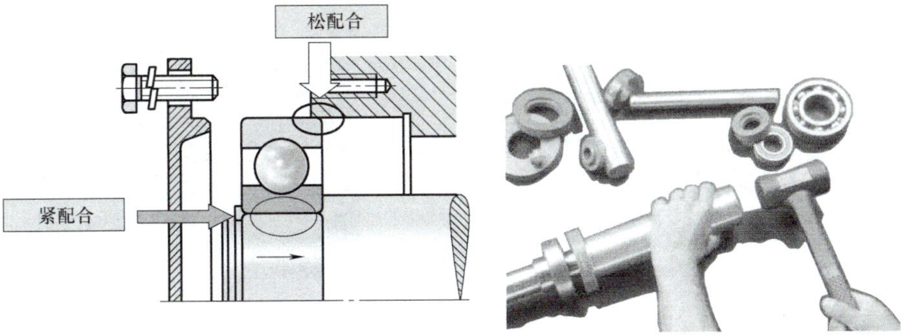

图 3-27　不可分离轴承的安装

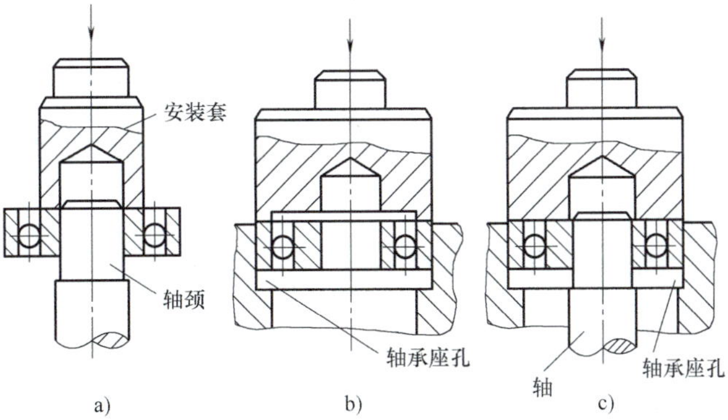

图 3-28　轴承的装配

a）先压装内圈　b）先压装外圈　c）内、外圈同时压装

（2）可分离式轴承的安装　安装时分别装配内、外圈，边旋转边将内圈（轴）滑入外圈（壳体），如图 3-29 所示。

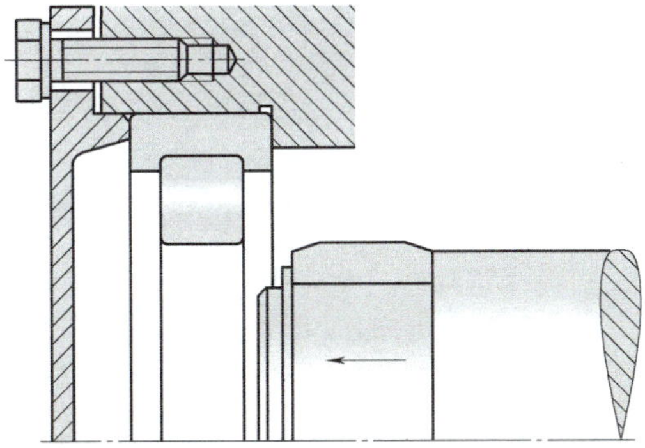

图 3-29　可分离式轴承的安装

推力球轴承也属于可分离式轴承，根据其结构形式分为单向推力球轴承和双向推力球轴承轴承等。单向推力球轴承可承受一个方向的轴向负荷，双向推力球轴承可承受两个方向的轴向负荷，但都不能承受径向负荷。推力球轴承还有带座垫的结构，因座垫的安装面呈球面形，故轴承具有调心性，可减少安装误差的影响。推力球轴承主要应用于机床、汽车等行业。

推力球轴承有松圈和紧圈之分，松环内孔比紧环大，不能装反。装配时，应使紧圈靠在转动的零件端面上，松圈靠在静止零件的端面上，如图 3-30 所示。

2. 热态法

（1）油浴法　如图 3-31 所示，通过加热轴承或轴承座，利用热膨胀将紧配合转变为松

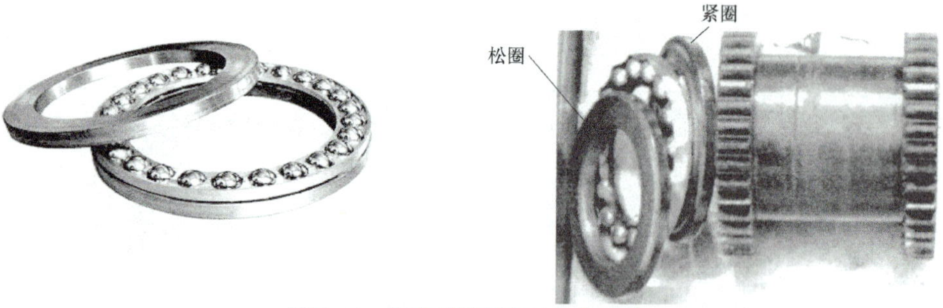

图 3-30　推力球轴承的结构与安装

配合的安装方法，是一种常用和省力的安装方法。此法适于过盈量较大的轴承的安装，安装前把轴承或可分离式轴承的套圈放入油箱中均匀加热，加热温度为 80~100℃，然后从油中取出尽快装到轴上，为防止冷却后内圈端面和轴肩贴合不紧，轴承冷却后可以再进行轴向紧固。轴承外圈与轻金属制的轴承座紧配合时，采用加热轴承座的热装方法，可以避免配合面受到擦伤。

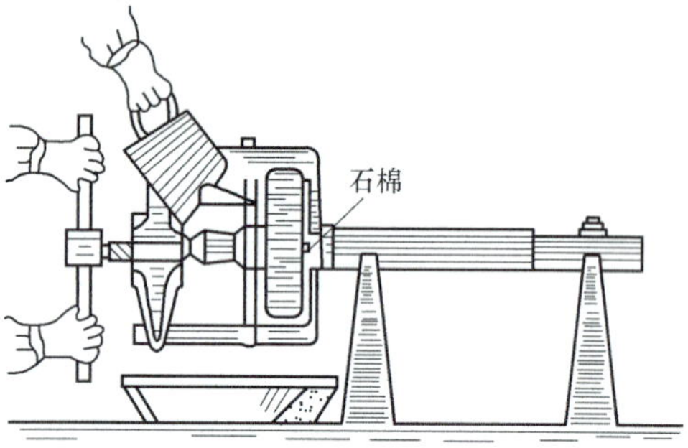

图 3-31　油浴法示意图

（2）感应加热　大轴承采用油浴的缺点是有火灾隐患，会产生有害气体、污染等危险。感应加热器加热的优点是能够很快地加热轴承，并且它们还能够给更重的轴承加热，这是该种方法的两个显著优点。加热时轴承可以水平或竖直放置，如图 3-32 所示。

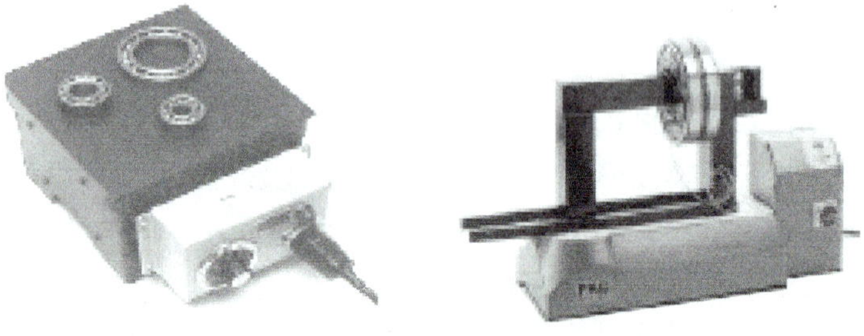

a）　　b）

图 3-32　感应加热示意图

a）水平放置　b）垂直放置

使用加热盘加热必须注意密封，不能接触加热板，采用感应加热器后，必须进行退磁，千万不要使用明火（气焊）。

3. 液压法

液压法用于大型轴承。锥孔轴承安装时，液压油被注入安装面之间，利用调节螺钉使轴承在轴向移动，以提高安装精度或测量径向游隙，如图 3-33 所示。

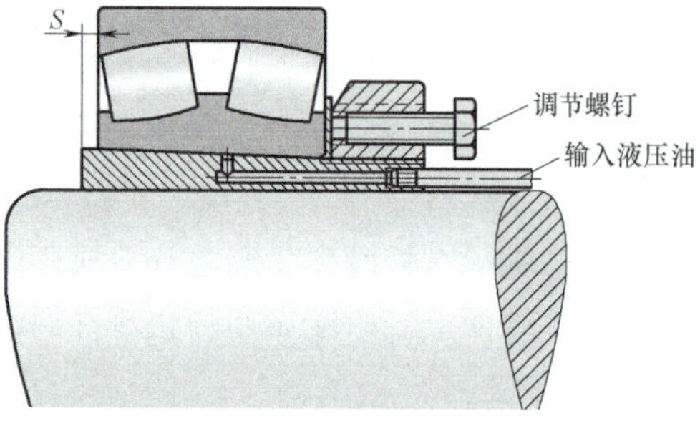

图 3-33　液压法示意图

四、键的装配

键连接件拆装时，必须考虑到拆卸方便，特别是需要经预装配的组件。键和配件必须经修配后才能压入，否则会造成拆卸困难，还会使组件损坏并造成不必要的损失。装配过程见表 3-6。

表 3-6 键连接的装配过程

内容	基本常识	装配方法	示意图
平键连接件的装配	键的两侧面为过渡配合，键的底面应与槽底接触，顶面应留有较大的间隙，在键长方向也应留有一定的间隙。平键连接所采用的键有普通平键、导向平键、半圆键三种	①消除键槽的锐边，以防装配时造成过大的过盈 ②试装配轴和轴上的配件（先不装入平键），以检查轴和孔的配合状况，避免装配时轴与孔配合过紧 ③修配平键与键槽宽度的配合精度，要求配合稍紧，不得有较大间隙。若配合过紧，则将键侧面稍作修整 ④修锉平键、半圆键与轴上键槽间留有 0.1mm 左右的间隙 ⑤将平键安装于轴的键槽中，在配合面上应加机械油，用台虎钳夹紧（钳口必须垫铜片）或用铜棒敲击，将平键压入轴上键槽内，并与槽底接触 ⑥试配并安装配件，键顶面与配件槽底面应留有 0.3~0.5mm 的间隙。若侧面配合过紧，则应拆下配件，根据键槽上的接触印痕，修整配件的键槽两侧面，但不允许有松动，以避免传递动力时产生冲击及振动	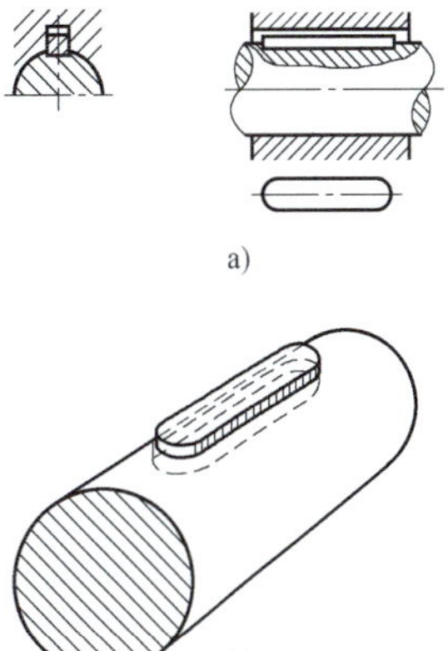 a) b)
楔键连接件的装配	楔键的形状与平键形状相似，但顶面有 1∶100 的斜度，一端有钩头，便于键的拆卸。装配时主要是保证键的上、下结合面配合良好	①锉配键宽，使其与键槽之间保持一定的配合间隙 ②将轴上配件的键槽与轴上键槽对正，在楔键的斜面上涂色后敲入键槽内，根据接触斑点来判别斜度配合是否良好。然后用锉削或刮削法进行修整，使键与键槽的上、下结合面紧密贴合，清洗楔键和键槽，最后将楔键涂油后敲入键槽中 ③对于钩头楔键，不能使钩头紧贴套件的端面，必须留有一定的距离，以便拆卸	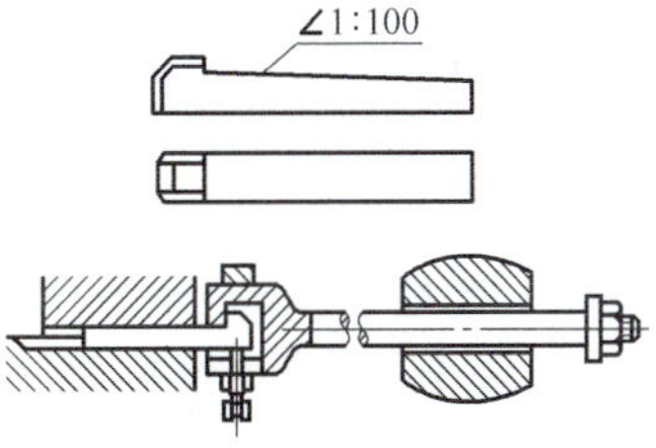

（续）

内容	基本常识	装配方法	示意图
花键连接件的装配	花键连接用于传递较大的转矩，如机床的传动轴等。按其齿形的不同，可分为矩形、渐开线形、三角形等几种，其中最常用的是矩形花键，如图 a 所示。花键轴与内花键多为间隙配合，装配后应能相对滑动	①预装。花键轴具有较高的加工精度，装配前只需用磨石将棱边倒角；内花键一般用拉刀拉削而成，精度也很高。但对于内花键齿轮，由于齿部经高频淬火，会使内花键的直径缩小，因此，试装后需用磨石或整形锉进行修整 ②用着色法进行修整。将齿轮固定在台虎钳上，两手将轴托住，在大内花键中，找到误差最小的位置，同时在齿轮和花键轴端面做出标记，以便按标记装配，不得误装。在齿轮内花键内涂色，将花键轴用锤子轻轻敲入，如图 b 所示。退出轴后，根据色斑分布来修整键槽的两肩，反复数次直到合格为止。合适的尺度在于花键轴能在轮中沿轴向滑动自如，不忽松忽紧；转动轴时，不应感觉到有较大的间隙 ③装配。修正好后就可进行装配。由于花键连接的精度较高，故在装配过程中对各种因素都要考虑周密并且需要格外细心	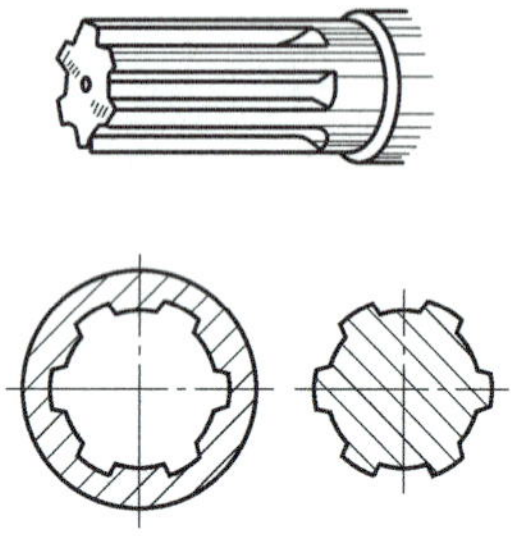 a) 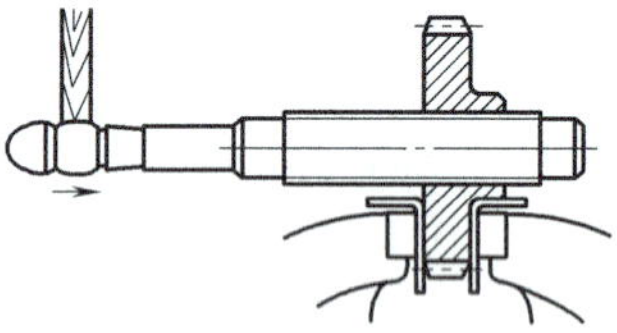 b)

任务实施

一、主轴箱装配之前的准备工作

1. 技术准备

1）熟悉图样和零件清单、装配任务。

2）检查文件和零件的完备情况。

3）选择合适的工、量具。

2. 工量辅具准备

12in 活扳手、圆螺母扳手、锤子、木板、铝棒、圆头冲子、内六角扳手 一套、一字螺钉旋具、三角刮刀、百分表及磁性表座、300mm 莫氏 5# 标准检验棒、显示剂及毛巾等。

3. 其他

用清洁布清洗零件、清洗主轴箱内壁底端、查阅修理前精度加工件精度。

二、了解零件的装配顺序及装配要点（表 3-7）

表 3-7　装配顺序及装配要点

顺序	内容	装配工艺
1	读懂变速箱的部件装配图	清楚零件之间的装配关系，机构的运动原理及功能
2	熟悉装配方法	了解基本零件的结构装配方法，如轴承、齿轮精度的调整等
3	装配工艺卡的填写	写出变速箱的装配工艺过程
4	零件的清洗与分类	无明显锈迹及油污
5	所有零件数量、质量的检查	按图样要求检验
6	主轴的装配	齿轮位置正确与轴连接可靠，轴承安装方法正确，游隙控制合理
7	Ⅲ轴的装配	齿轮在花键轴上滑动自如，啮合间隙合理。轴承安装方法正确，游隙控制合理
8	Ⅱ轴的装配	固定齿轮位置正确与轴连接可靠；滑移齿轮在花键轴上滑动自如，啮合间隙合理
9	Ⅰ轴的装配	固定齿轮位置正确与轴连接可靠，轴承安装方法正确
10	换档与换向装置的装配	手柄连接可靠，换档滑块位置正确
11	指示牌安装	位置正确，标识清晰
12	装配质量总体检验	运转平稳无卡滞，实现多速输出

三、主轴箱的装配（表 3-8）

表 3-8　主轴箱的装配

装配内容	工作过程	操作方法与要点
1. 零件的清洗		用柴油或煤油浸泡，用毛刷清洗并擦拭干净
2. 零件清点与质量检查		结合装配材料清单，逐项检查、记录
3. 主轴的装配		
第一步：装入滑动轴承并用圆螺母预紧		1. 内壁刮研后显点应在 25mm×25mm 范围内 20 点以上，疏密整齐，内壁冷却油槽清晰 2. 将滑动轴承置于箱体主轴孔内，拧上锁紧螺母，用锁紧扳手从箱体内壁处将滑动轴承预紧 3. 滑动轴承注油孔位置正确，应与壳体上油孔对准

（续）

<table>
<tr><th>装配内容</th><th>工作过程</th><th>操作方法与要点</th></tr>
<tr><td>第二步：将 32213 圆锥滚子轴承外圈压入箱体孔中</td><td></td><td>1. 箱体主轴孔尺寸检查
2. 主轴孔内壁光整无毛刺，涂润滑油
3. 轴承外圈涂油
4. 轴承外圈在主轴孔内位置正确，无歪斜现象</td></tr>
<tr><td>第三步：87 齿大齿轮放入箱体</td><td rowspan="2"></td><td rowspan="2">1. 齿轮规格、位置检查
2. 主轴表面涂润滑油
3. 注意轻拿轻放，防止碰伤主轴</td></tr>
<tr><td>第四步：主轴从箱体前端放入</td></tr>
<tr><td>第五步：将 43 齿齿轮圈、螺母、垫片、51113 平面轴承穿入轴上</td><td></td><td>1. 所有零件规格、顺序、位置的检查，尤其注意齿轮规格及安装位置
2. 注意平面轴承的松圈应该靠近箱体内壁，即装配时应使紧圈靠在转动的零件端面上，松圈靠在静止零件的端面上</td></tr>
<tr><td>第六步：将主轴向箱体后推，放入两只平键</td><td></td><td>1. 注意键的型号与安放次序
2. 平键两侧工作表面光整、无毛刺
3. 注意涂润滑油</td></tr>
<tr><td>第七步：87、43 齿齿轮定位，圆螺母拧紧并止退夹紧</td><td></td><td>1. 注意检查 87、43 齿齿轮位置是否到位
2. 检查圆螺母是否拧紧、锁紧</td></tr>
</table>

（续）

装配内容	工作过程	操作方法与要点
第八步：检查 51113 轴承紧圈在主轴上，松圈在箱体内壁处		注意检查 51113 轴承紧圈、松圈的位置
第九步：将 32213 圆锥滚子轴承内圈滚动体压入主轴末端		1. 32213 圆锥滚子轴承内圈用专用工具安装 2. 轴承在轴上位置正确，无歪斜现象
第十步：用圆螺母调整 32213 轴承滚动体与滚道间隙		轴承滚动体与滚道间隙合理
4. Ⅲ轴的装配		
第一步：将Ⅲ轴一端预装轴承，从一侧插入箱体孔内，依次套上滑移齿轮和拨叉	 	1. 齿轮规格、位置检查 2. 主轴表面涂润滑油 3. 注意轻拿轻放，防止碰伤Ⅲ轴 4. 滑移齿轮在花键轴上滑动自如，啮合间隙合理

（续）

装配内容	工作过程	操作方法与要点
第二步：Ⅲ轴已装轴承端一侧，加端盖固定	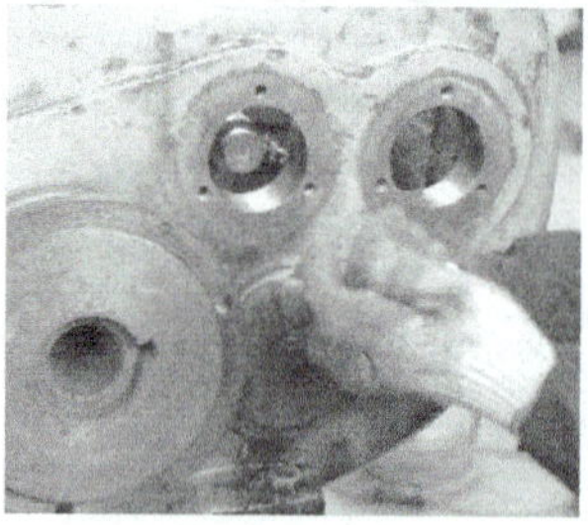	端盖安装方法正确，安装牢固
第三步：Ⅲ轴另一端轴承的安装	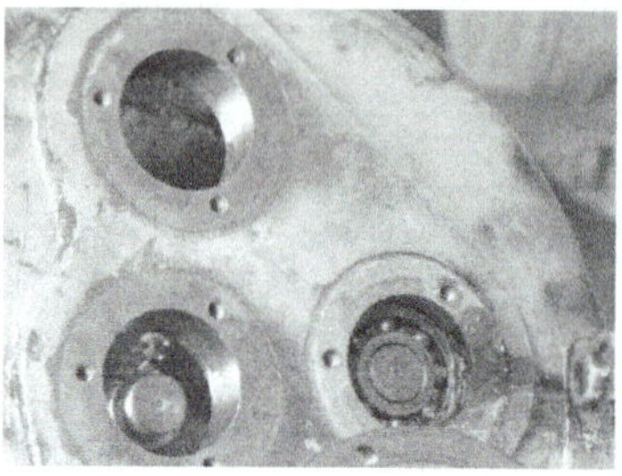	1. 轴承在轴上位置正确，无歪斜现象 2. 轴表面及轴承内外圈涂润滑油 3. 使用轴承安装专用工具进行操作
第四步：轴承轴向游隙的调整	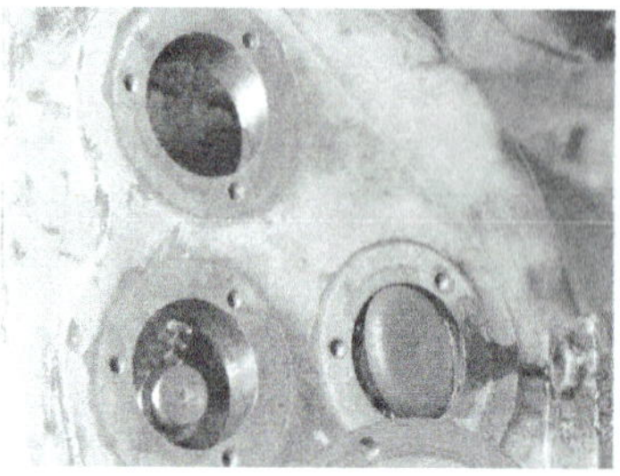	通过调整螺钉、锁紧螺母及定位块组合使用；也可通过调整衬套或垫片的尺寸，获得合适的预紧量
5. Ⅱ轴的安装		
第一步：将Ⅱ轴预装固定齿轮，一端预装轴承，从一侧插入箱体孔内，依次套上滑移齿轮和拨叉		1. 齿轮规格、位置检查 2. 主轴表面涂润滑油 3. 注意轻拿轻放，防止碰伤Ⅲ轴 4. 齿轮在花键轴上滑动自如，啮合间隙合理；固定齿轮位置正确与轴连接可靠
第二步：Ⅱ轴已装轴承端一侧加端盖固定		端盖安装方法正确，安装牢固

（续）

装配内容	工作过程	操作方法与要点
第三步：Ⅱ轴另一端轴承的安装	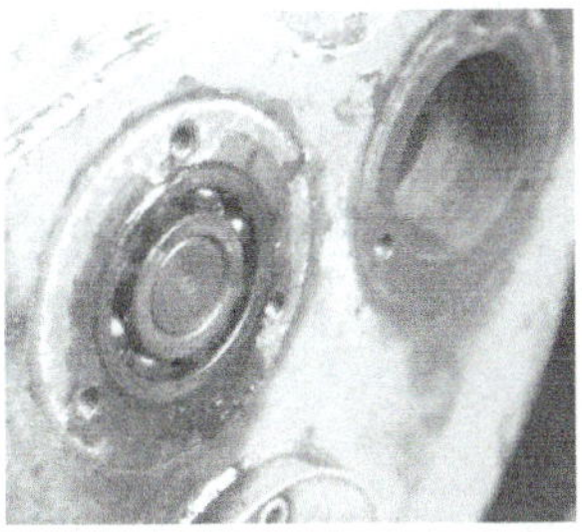	1. 轴承在轴上位置正确，无歪斜现象 2. 轴表面及轴承内外圈涂润滑油 3. 使用轴承安装专用工具进行操作
第四步：轴承轴向游隙的调整	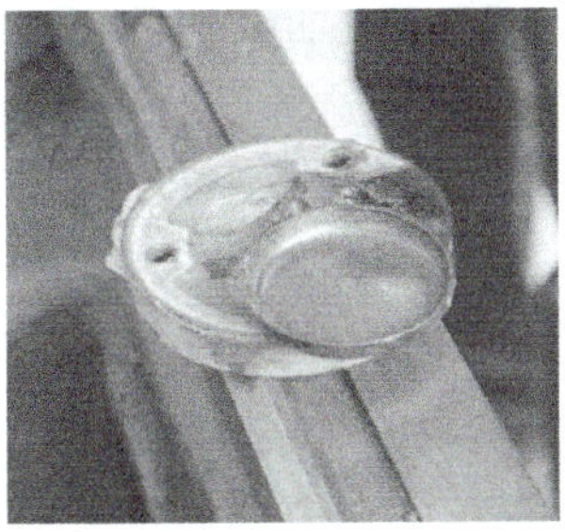	通过调整螺钉、锁紧螺母及定位块组合使用；也可通过调整衬套或垫片的尺寸，获得合适预紧量
6. Ⅰ轴的装配 Ⅰ轴较其余三根轴而言结构简单，安装方法与上述三根轴类似，不再重复		
7. 端盖与手柄的安装		

任务评价

表 3-9　现场记录表

姓名：______________　　学号：______________

班级：______________　　项目名称：______________

安全、文明生产	安全规范	好 □　一般 □　差 □	
	刀具、工具、量具的放置合理	合理 □　不合理 □	
	正确使用量具	好 □　一般□　差 □	
	工具操作规范	好 □　一般 □　差 □	
	拆装工艺顺序	合理 □　不合理 □	
	发生重大安全事故、严重违反操作规程者，取消成绩	事故状态：	
	备注		
规范操作	零件的清洗与分类	规范 □　不规范 □	
	所有零件数量、质量的检查	规范 □　不规范 □	
	主轴的装配	规范 □　不规范 □	
	Ⅲ轴的装配	规范 □　不规范 □	
	Ⅱ轴的装配	规范 □　不规范 □	
	Ⅰ轴的装配	规范 □　不规范 □	
	备注		
时间	开始时间		结束时间

知识拓展

旋转件的平衡

机器中的旋转零件，如带轮、飞轮、叶轮等，因受形状、加工等因素的限制和影响，都可能引起零件在旋转时因不平衡而产生振动现象，从而使机器的工作精度降低，零件的使用寿命缩短，噪声增大，甚至发生设备事故。

一、旋转件不平衡的种类

1. 静不平衡

有些旋转件在径向各截面上存在不平衡量，但由此产生的离心力的合力仍通过旋转件的重心，这种情况不会产生使旋转轴线倾斜的力矩，这种不平衡称为静不平衡，如图 3-34 所示。静不平衡的特点是：当零件静止时，不平衡量始终处于过重心竖直线的下方。旋转时，不平衡离心力只在垂直轴线的方向上产生振动。

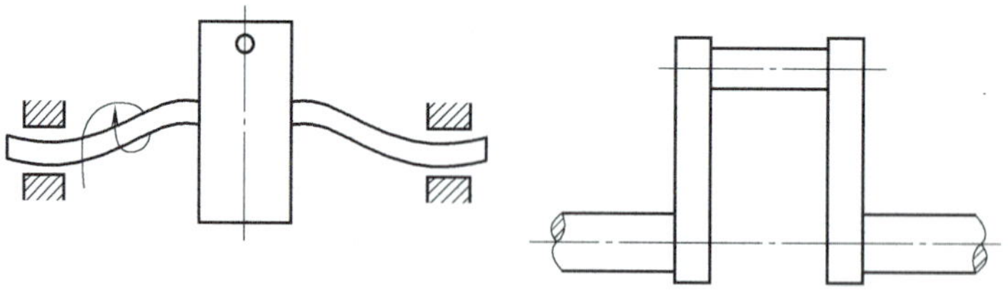

图 3-34　零件静不平衡示意图

2. 动不平衡

有些旋转件在径向各截面上存在不平衡量，且由此产生的离心力不能形成平衡力矩，所以旋转件不仅会产生垂直于旋转轴线方向的振动，还会产生使旋转轴线倾斜的振动，这种不平衡称为动不平衡，如图 3-35 所示。

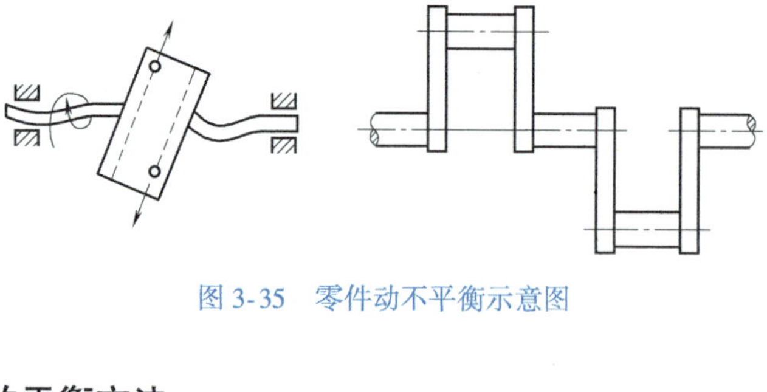

图 3-35　零件动不平衡示意图

二、旋转件的平衡方法

消除旋转件不平衡的工作，称为平衡。其中，消除静不平衡的工作称为静平衡，消除动不平衡的工作称为动平衡。

1. 静平衡

静平衡的特点是：平衡重物的大小和位置是在零件（或部件）处于静止状态时确定的，

其工作过程是在静平衡架上进行的，主要适用于长径比小于0.2的盘类零件。

静平衡的装置主要有圆柱式平衡架和菱形平衡架两种，如图3-36所示。还有一种平衡架，一端可通过升降调整来平衡两端轴径不等的旋转件。

静平衡的操作步骤是：

1）用水平仪将平衡架调整到水平位置，误差应在0.02mm/100mm以内，如图3-37所示。

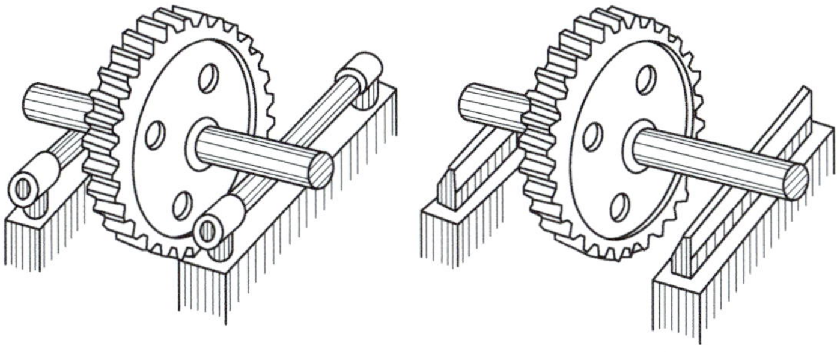

图3-36　零件静平衡装置

a）圆柱式平衡架　b）菱形平衡架

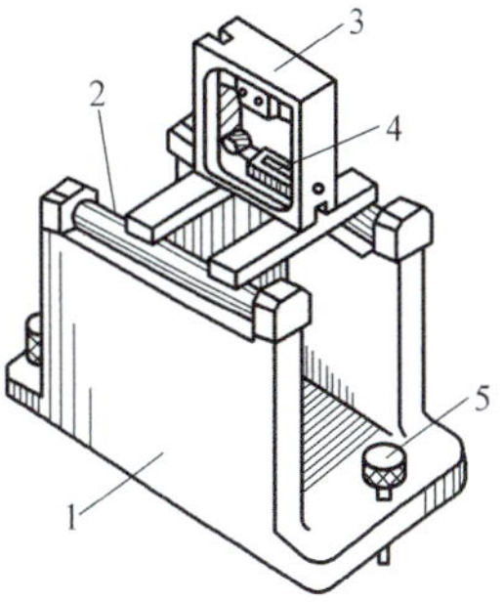

图3-37　调整平衡架

1—支架　2—圆柱形导轨　3—水平仪　4—水准器　5—调整螺钉

2）将旋转件安装到心轴上后，摆放到平衡架上。

3）用手轻推旋转件，使其在平衡架上缓慢滚动；待自动停止后，在旋转体的正下方做一记号，重复转动几次，若所做记号的位置始终不变，则为不平衡量G的方向。

4）在与记号相对的部位黏一重量为G'的橡皮泥，使G'对旋转轴线产生的力矩，恰好等于不平衡量G对旋转轴线所产生的力矩，如图3-38所示，此时旋转件即已达到静平衡。

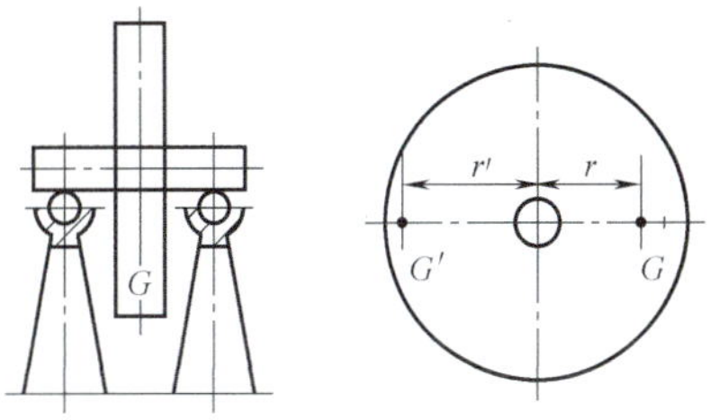

图3-38　静平衡法

5）去掉橡皮泥，在其所在位置加上相当于G'的重块，或在不平衡量处（与G'相对的直径上1处）去除一定的重量G，待旋转件在任何角度均能在平衡架上静止时，静平衡即告结束。

2. 动平衡

对于长径比较大或转速较高的旋转件，需要进行动平衡。

动平衡不仅要平衡离心力，而且还要平衡离心力所形成的力矩。动平衡需要在动平衡机上进行，常用的动平衡机有弹性支梁式动平衡机、框架式动平衡机和电子

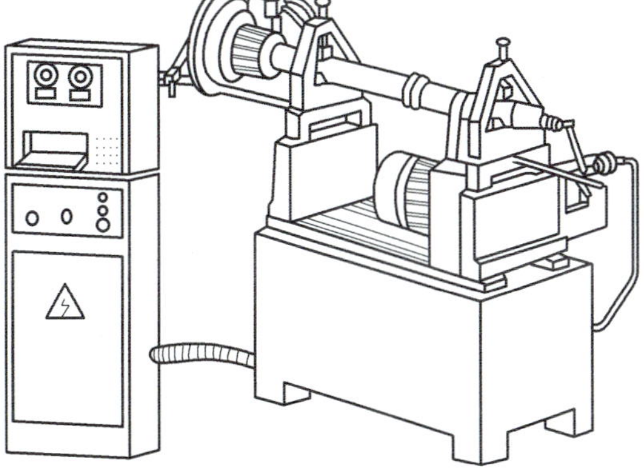

图3-39　磨床主轴在动平衡机上的装夹

动平衡机等。磨床主轴在动平衡机上的装夹，如图 3-39 所示。

思考与练习

1. 简述主轴箱传动系统、各种零部件的功能及原理。

2. 简述装配基本知识，包括装配工艺、装配时的连接和配合、装配时零件的清理和清洗等。

3. 简述轴承游隙的调整方法。

项目四

C6136A卧式车床溜板箱的拆装

项目描述

溜板箱的功用是将丝杠或光杠传来的旋转运动转变为直线运动并带动刀架进给，控制刀架运动的接通、断开和换向，手动操纵刀架移动和实现快速移动，机床过载时控制刀架自动停止进给等。

本项目由 C6136A 卧式车床溜板箱的拆卸和装配两个任务组成，该项目的设置主要使学生进一步了解机床设备的开合螺母机构，换向机构，纵、横向进给的转换机构，互锁机构等内容，以提升学生对具体岗位机械的装配能力。

任务一　C6136A 卧式车床溜板箱的拆卸

任务描述

通过对 C6136A 卧式车床溜板箱的拆卸任务的训练，熟悉溜板箱的拆装方案和编写拆装工艺过程；能正确使用拆装设备和工具，按照拆装安全操作规程对溜板箱机构进行正确的拆卸。

知识链接

一、溜板箱的结构

溜板箱主要由手动操作机构、丝杠和光杠操作机构、离合器机构及换向操纵机构等组成。溜板箱内各传动件的传动关系，传动件的结构、形状、装配方式及其支承结构，说明书上常采用展开图的形式表示，实物展示正面如图 4-1 所示，背面如图 4-2所示。

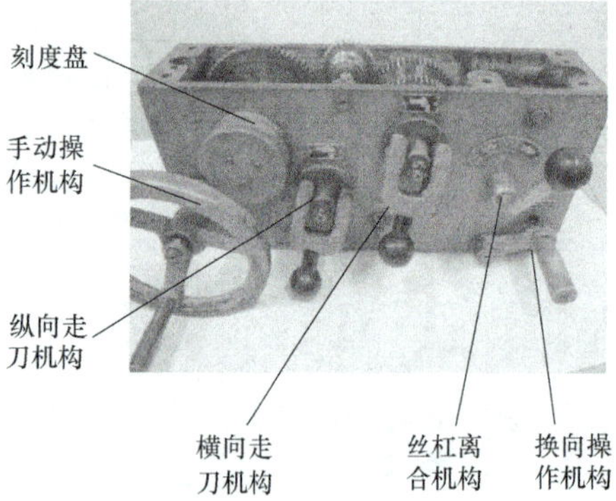

图 4-1　溜板箱的正面结构

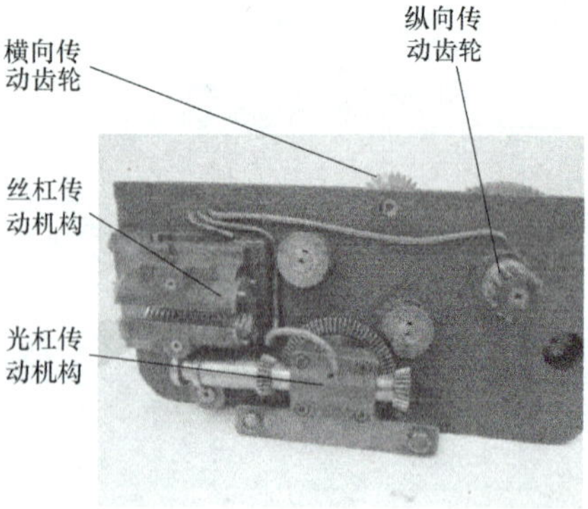

图 4-2　溜板箱的背面结构

二、溜板箱传动系统及传动原理

（一）手动操作

在横向、纵向自动走刀离合机构处于分离状态时，直接转动手动操作手轮即可使溜板箱沿机床导轨做纵向移动。

（二）自动操作

将换向机构操作手柄定位销分别置于上、下定位孔内（上、中、下共三个定位孔），合上横向走刀操作机构即可实现中滑板的前后横向自动进给；合上纵向走刀操作机构即可实现大滑板的沿导轨做纵向自动进给。

（三）螺纹加工

将换向机构操作手柄定位销置于中间定位孔内（上、中、下共三个定位孔），合上丝杠开合螺母操作机构，即可实现螺纹的加工运动。

三、熟悉各部件（表 4-1）

表 4-1　熟悉溜板箱各部件

第一步：熟悉光杠操作机构	
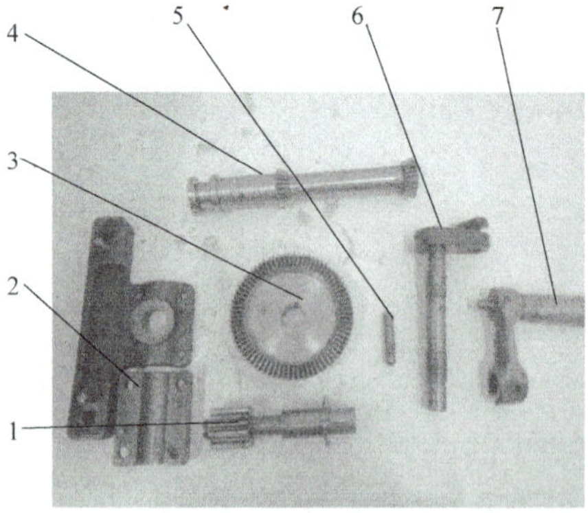	
光杠操作机构组成零件：1—齿轮轴　2—支架　3—锥齿轮　4—锥齿轮空心轴　5—限位销　6—拨叉　7—操作手柄	

（续）

第二步：熟悉丝杠操作操作机构
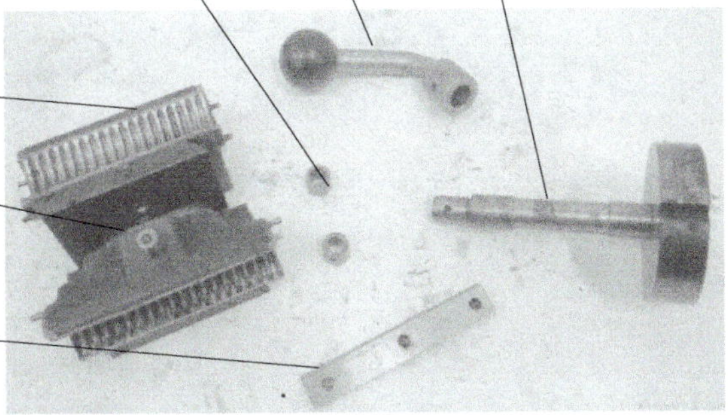
丝杠操作机构组成零件：1—调整垫铁 2—销钉 3—开合螺母 4—销套 5—操作手柄 6—八卦轮盘轴

第三步：熟悉自动走刀离合操作机构	

自动走刀离合操作机构组成零件：1—操作手柄 2—推力轴承 3—开口螺母 4—弹簧 5—操纵轴 6—大齿轮 7—端盖 8—小齿轮	

四、C6136A 卧式车床溜板箱拆装顺序及注意事项

用内六角扳手拆开溜板箱上面板，扳动操作手柄、观察各轴的运动以及润滑系统；分别变动操纵手柄位置，观察箱内滑移齿轮的位置变化和转速变化。阅读溜板箱装配图，搞清各轴部件结构及其装配关系，如图 4-3 所示。

图 4-3　溜板箱内部结构

任务实施

一、拆卸操作（表 4-2）

表 4-2　溜板箱拆卸操作

操作内容	工作过程	操作方法与要点
第一步：取下手柄	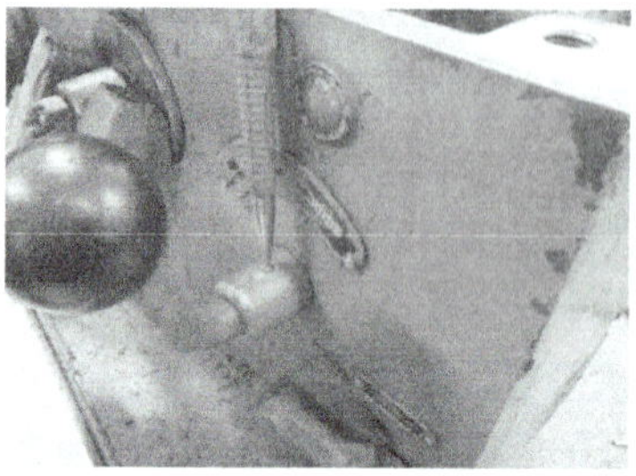 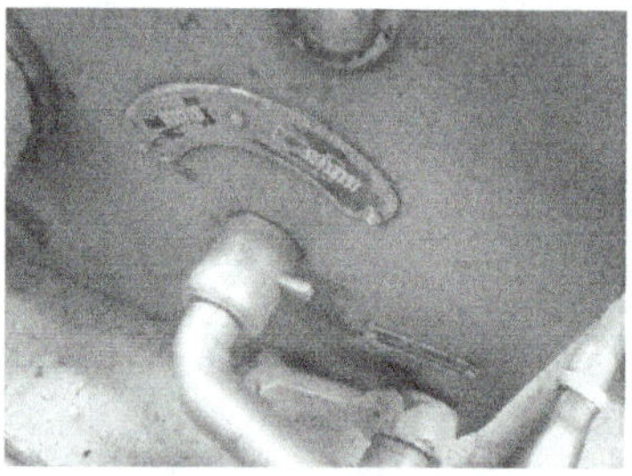	用圆头冲子取出开合螺母、操作手柄及定位销
第二步：拆开合螺母销钉		用螺钉旋具松开开合螺母销钉定位锁紧螺钉，并用拔销器拉出销钉

（续）

操作内容	工作过程	操作方法与要点
第二步：拆开合螺母销钉	 	用螺钉旋具松开开合螺母销钉定位锁紧螺钉，并用拔销器拉出销钉
第三步：拆开合螺母	 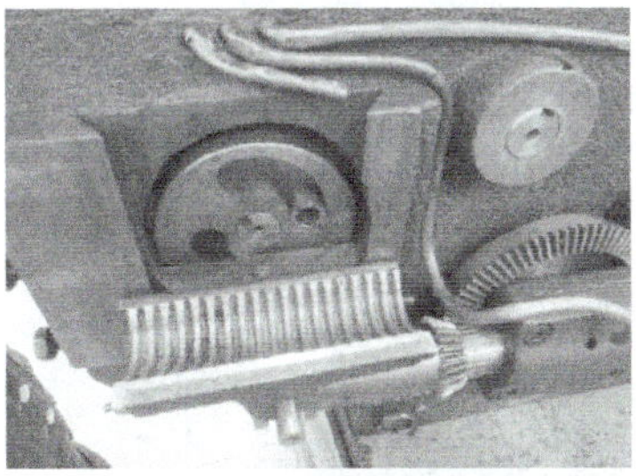 	松开燕尾槽垫铁调整螺钉，分别取出垫铁及开合螺母的上、下两部分

（续）

操作内容	工作过程	操作方法与要点
第四步：取出八卦轮盘轴		轻敲八卦轮盘轴，并将其取出

第五步：取锥齿轮空心轴		
		松开光杠操作机构固定支架上的压盖紧定螺钉，取出锥齿轮空心轴

（续）

操作内容	工作过程	操作方法与要点

第六步：取下锥齿轮		松开支架底座的紧固螺钉，取出两个定位销，并取下锥齿轮

第七步：取限位销钉		
		拆卸换向机构操作手柄及拨叉机构，并取出限位销钉

（续）

操作内容	工作过程	操作方法与要点
第七步：取限位销钉		
第八步：拆卸横向进给齿轮轴	 	用一字螺钉旋具松开限位螺钉，用铜棒轻敲齿轮轴并取出
第九步：拆卸横向走刀离合机构	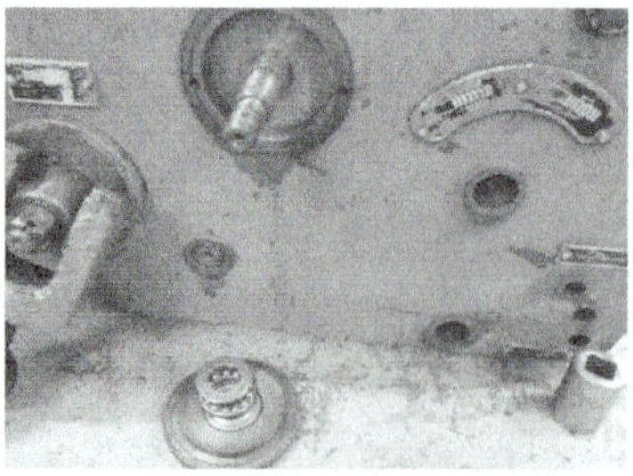 	用铜棒轻敲齿轮轴并取出，分别取出离合器齿轮

（续）

操作内容	工作过程	操作方法与要点
第九步：拆卸横向走刀离合机构		用铜棒轻敲齿轮轴并取出，分别取出离合器齿轮
第十步：拆卸刻度盘及纵向传动机构		用铜棒轻敲齿轮轴并取出，分别取出齿轮
	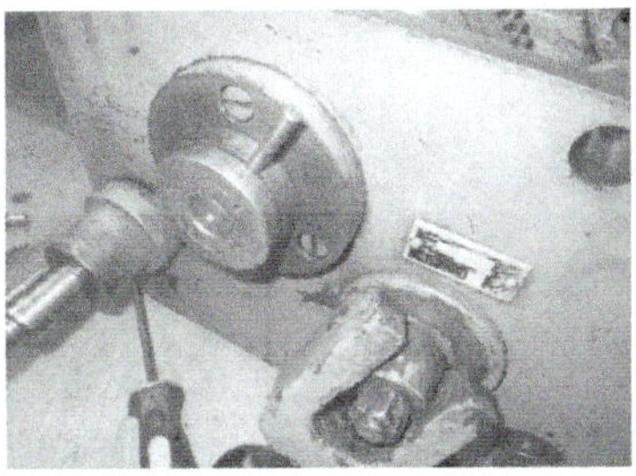	

（续）

操作内容	工作过程	操作方法与要点
第十一步：拆卸纵向走刀离合机构	 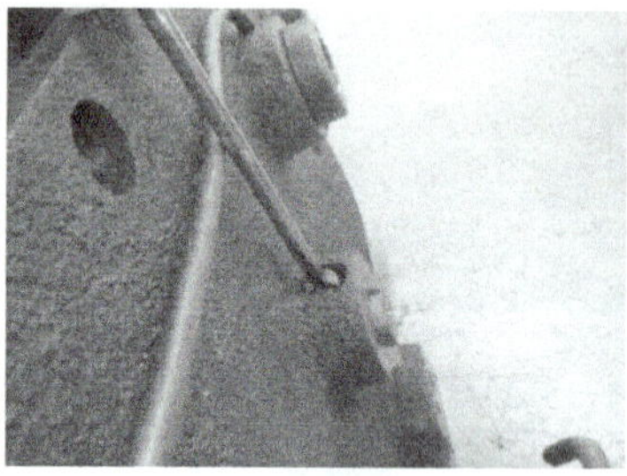 	用铜棒轻敲齿轮轴并取出，分别取出离合器齿轮
第十二步：拆卸光杠传动机构齿轮轴	 	用铜棒轻敲齿轮轴并将其取出，分别取出齿轮

（续）

操作内容	工作过程	操作方法与要点
第十三步：拆卸手动进给机构	 	用铜棒轻敲齿轮轴并将其取出，分别取出齿轮

二、拆卸注意点

1）弄清轴组之间的啮合关系，确定合理的拆卸顺序。

2）弄清轴上零件的定位与紧固方式，防止因某个紧固件没有松开而使拆卸工作无法进行，甚至损坏零部件。

3）注意箱体内部润滑油路的保护。

4）防止盲目敲击而破坏零部件。

任务评价

表 4-3　现场记录表

姓名：__________　　学号：__________

班级：__________　　任务名称：__________

序号	检测项目	自测	小组检测	教师检测	配分	得分
1	拆卸工具的正确使用				20	
2	溜板箱的拆卸顺序				20	
3	丝杠、光杠机构组成零件名称				20	
4	阐述溜板箱传动系统路线				20	
5	安全文明				20	
合计						

时间	开始时间		结束时间	

知识链接

销的连接与装配技术

销的种类较多，常用的销有圆柱销、圆锥销、开口销等，如图 4-4 所示。开口销与槽型螺母配合使用，起防松作用。销还可作为安全装置中的过载剪断元件。

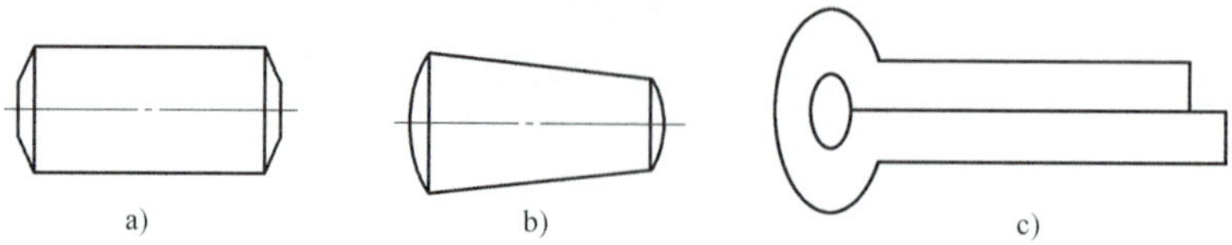

图 4-4 销的种类
a) 圆柱销 b) 圆锥销 c) 开口销

一、销的作用

销通常用于零件间的连接与定位，如图 4-5 所示。

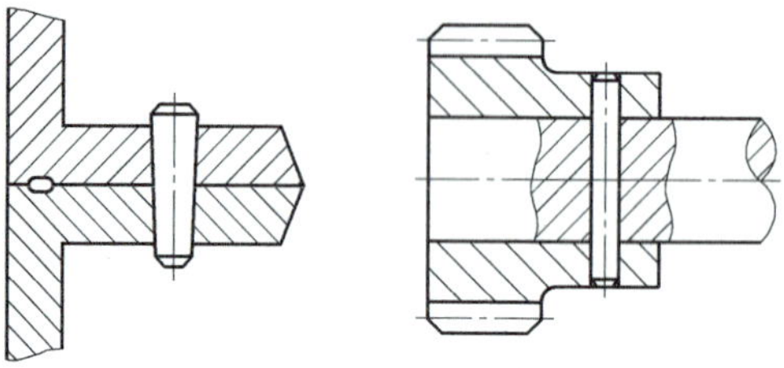

图 4-5 销的作用
a) 销定位作用 b) 销连接和定位作用

二、销的装配

(一) 圆柱销的装配

圆柱销依靠少量过盈固定在孔中，对销孔的尺寸、形状、表面粗糙度等要求较高，销孔在装配前需铰削。通常被连接件的两孔应同时钻铰，孔壁的表面粗糙度 Ra 值不大于 0.6μm。装配时，在销上涂上润滑油，用 C 形夹头压入或用铜棒（圆头冲子）将销打入孔中，如图 4-6 所示。

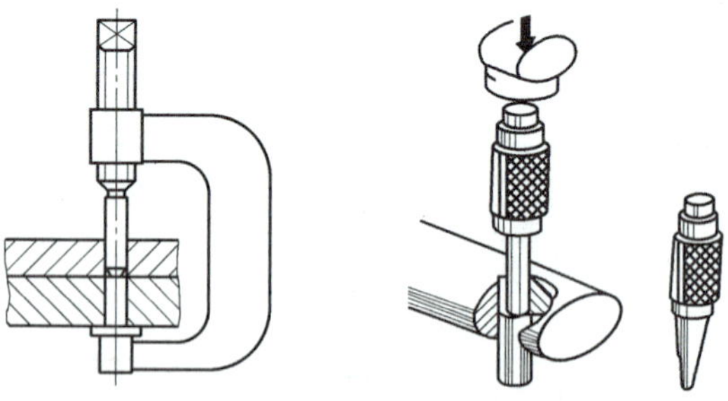

图 4-6 圆柱销的装配
a) C 形夹头压入 b) 铜棒或圆头冲子敲入

(二) 圆锥销的装配

圆锥销在装配时，被连接件的两孔也应同时钻铰，但必须控制孔径。钻孔时按圆锥销小头直径选用钻头，用 1∶50 锥度的铰刀铰孔。对于深孔，加工余量较大，可先将底孔钻成阶梯孔，以便减少加工余量。例如，圆锥销 ϕ16mm×60mm，锥度为 1∶50，这个销的小端直径是 16mm，大端是 17.2mm，销孔加工方法是先用 16mm 钻头钻一个 16mm 的孔，然后用 16mm 1∶50 锥铰刀把孔的大端铰到 17.2mm。简单的方法是把底孔打成台阶孔，每增加 10mm 加大 0.2mm。铰孔时用试装法控制孔径，以圆锥销自由插入全长的 80%～85%为宜。然后用软锤敲入。敲入后，销的大端应与被连接件表面平齐，或露出不超过倒棱值。为便于装配，销上必须钻一通气小孔，供放气使用。

三、销的拆卸

拆卸带内螺纹的圆柱销和圆锥销时，可用拔销器拔出，图 4-7 所示为手动拔销器；有螺尾的圆锥销可用螺母旋出，如图 4-8 所示；通孔中的圆锥销可以从小头向外敲出。

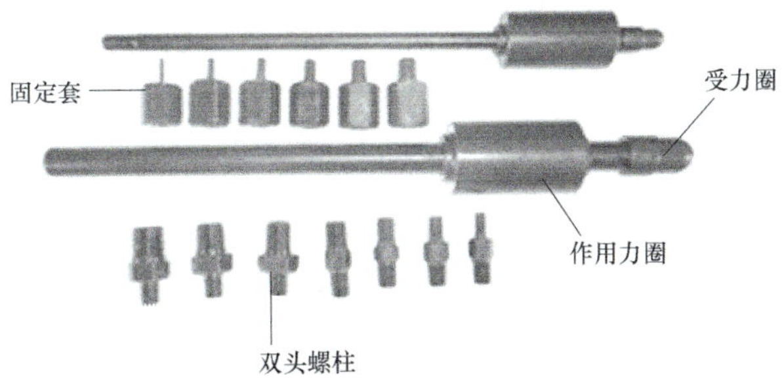

图 4-7　手动拔销器

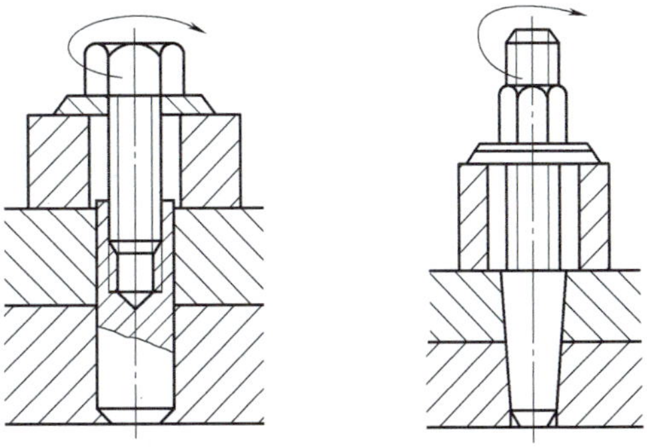

图 4-8　带螺尾销的拆卸

思考与练习

1. 简述溜板箱的拆卸顺序。
2. 简述自动离合机构的组成。
3. 简述拆卸工作的注意点。
4. 简述端面轴承的作用。

任务二　C6136A 卧式车床溜板箱的装配

任务描述

通过对 C6136A 卧式车床溜板箱的装配任务的训练，能读懂溜板箱传动系统图；熟悉进给箱装配方案和编写装配工艺；熟悉装配规范，正确使用拆装工具和设备对溜板箱机构进行正确的装配。

知识链接

一、滚动轴承的预紧

为了提高轴承的旋转精度、增加轴承装置的刚性、减小机器工作时轴的振动，通常需对轴承进行预紧处理，例如，车床的主轴轴承常用预紧来提高其旋转精度与轴向刚度。预紧的目的是消除游隙，所谓轴承游隙，指轴承在未安装轴或轴承箱时，将其内圈或外圈的一方固定，然后使未被固定的一方做径向或轴向移动时的移动量。根据移动的方向，轴承游隙可分为径向游隙和轴向游隙，如图 4-9 所示。运转时，游隙（称为工作游隙）的大小对轴承的滚动疲劳寿命、温升、噪声及振动等性能有影响。预紧方法分为径向预紧法和轴向预紧法两大类，分述如下。

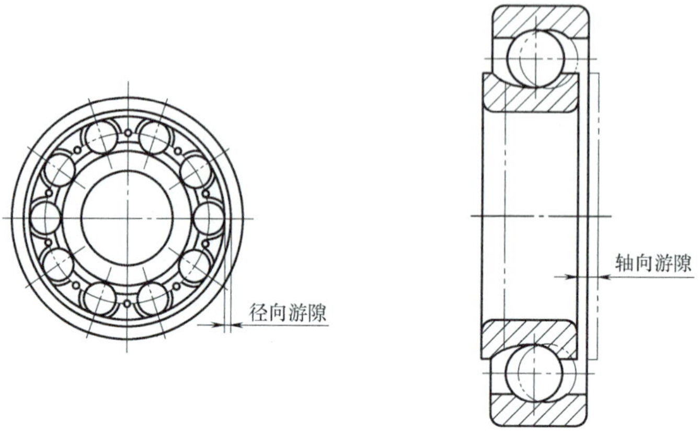

图 4-9　滚动轴承的游隙

1. 径向预紧法

径向预紧法多使用在承受径向负荷的圆锥孔轴承中，典型的例子是双列精密短圆柱滚子轴承，利用螺母调整这种轴承相对于锥形轴颈的轴向位置，使内圈有合适的膨胀量而得到径向负游隙，这种方法多用于机床主轴和喷气式发动机中。

2. 轴向预紧法

轴向预紧法大体上可分为定位预紧和定压预紧两种。

（1）定位预紧　在定位预紧中，可通过调整衬套或垫片的尺寸，获得合适预紧量，如图 4-10 所示；也可通过测量或控制起动摩擦力矩来调得合适的预紧，如图 4-11 所示；还可直接使用预先调好预紧量的成对双联轴承来实现预紧的目的，此时一般不需用户再行调整，如图 4-12 所示。总之，凡是经过轴向预紧的轴承，使用时其相对位置肯定不会发生变化。

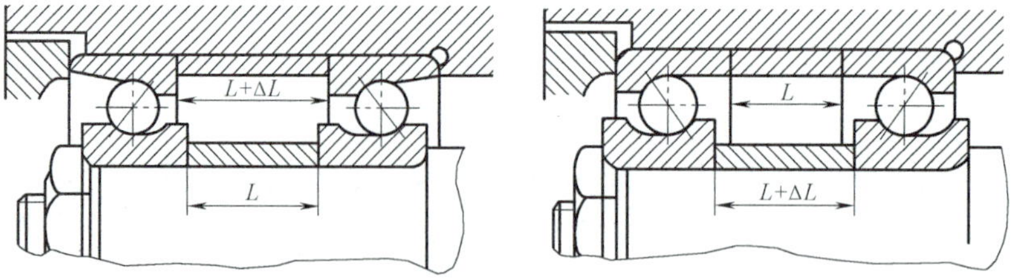

图 4-10　轴向预紧法——调整衬套或垫片

（2）定压预紧　定压预紧是用螺旋弹簧、碟形弹簧等使轴承得到合适预紧的方法。预紧弹簧的刚性一般要比轴承的刚性小得多，所以定压预紧的轴承的相对位置在使用中会有变化，但预紧量却大致不变，如图 4-13 所示。

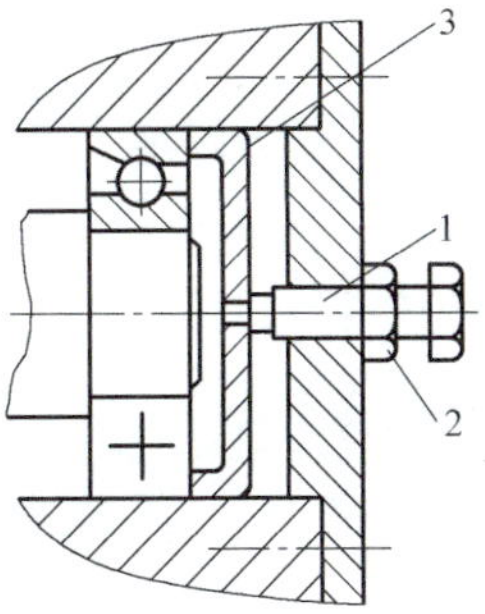

图 4-11 轴向预紧法——调整螺钉

1—调整螺钉 2—锁紧螺母 3—定位块

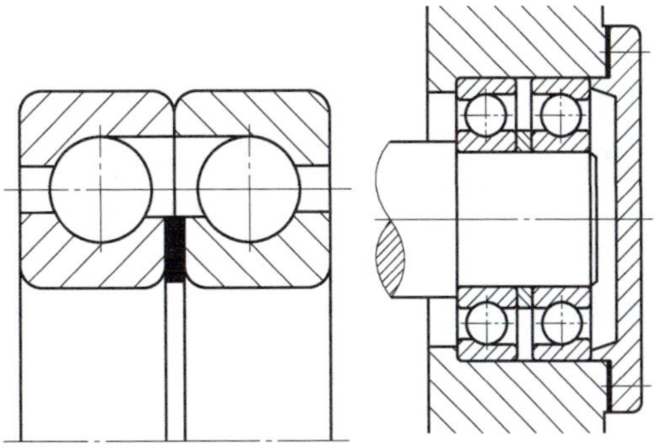

图 4-12 轴向预紧法——预调成对双联轴承

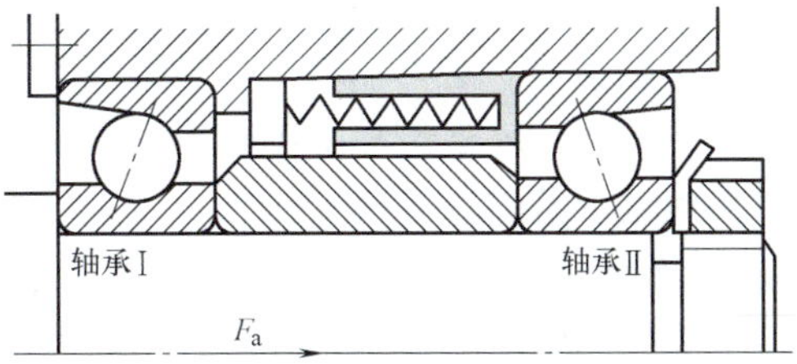

图 4-13 定压预紧——弹簧

3. 定位预紧与定压预紧的比较

1）在预紧量相等时，定位预紧对轴承刚性增加的效果较大，而且定位预紧时刚性变化对轴承负荷的影响也小得多。

2）定位预紧在使用中，由于轴和轴承座的温度差引起的轴向长度差、内外圈的温度差引起的径向膨胀量以及由负荷引起的位移等的影响，会使预紧量发生变化；而定压预紧在使用中，预紧的变化可忽略不计。

二、滚动轴承装配后的检验

轴承安装得正确与否，对其寿命及主轴精度有着直接的影响。如果安装不当，轴承不仅有振动，噪声大，精度低，温升递增大，而且有被卡死、烧坏的危险；反之，安装得好，不仅能保证精度，寿命也会大大延长。因此，轴承安装之后，必须进行检验，重点检验项目如下：

1. 检验安装位置

轴承安装后，首先检验运转零件与固定零件是否相碰，润滑油能否畅通地流入轴承，密封装置与轴向紧固装置的安装是否正确。

2. 检验轴承游隙

测量轴承的游隙时，为得到稳定的测量值，一般对轴承施加规定的测量负荷，如图4-14所示。因此，所得到的测量值比真正的游隙（称为理论游隙）大，即增加了测量负荷产生的弹性变形量。但对于滚子轴承来说，由于该弹性变形量较小，可以忽略不计。安装前轴承的内部游隙一般用理论游隙表示。

除安装带预过盈的轴承外，都应检验径向游隙。深沟球轴承可用手转动检验，以平稳灵活、无振动，无左右摆动为好。圆柱滚子和调心滚子轴承可用塞尺检验，将塞尺插入滚子和轴承套圈之间，塞尺插入深度应大于滚子长度的 1/2，当轴承的径向游隙无法用塞尺测量时，可测量轴承在轴向的移动量，来代替径向游隙的减小量，通常情况下，若轴承内圈为圆锥孔，则在圆锥面上的轴向移动量大约是径向游隙减小量的 15 倍。

图 4-14　检验轴承游隙

轴承的径向游隙，有些安装后不合格是可以调整的，如角接触球轴承、圆锥滚子轴承；有些则是在制造时已按标准规定调好，安装后不合格也不能再调整，如深沟球轴承、调心球轴承、圆柱滚子轴承及调心滚子轴承等。这类轴承安装后经检验若不合格，径向装配游隙太小，则说明轴承的配合选择不当，或装配部位加工不正确。此时，必须将轴承卸下，查明原因，加以消除后重新安装。当然轴承游隙过大也不行。

3. 检验轴承与轴肩的靠紧程度

一般情况下，紧配合过盈安装的轴承必须靠紧轴肩。检验方法如下：

（1）灯光法　即将电灯对准轴承和轴肩处，由漏光情况来进行判断。如果不漏光，说明安装正确；如果沿轴肩周围均匀漏光，说明轴承未与轴肩靠紧，应对轴承施加压力使之靠紧；如果有部分漏光，说明轴承安装倾斜，可用锤子、铜棒或套筒敲击轴承内圈，慢慢装正。

（2）塞尺检验法　如图 4-15 所示，塞尺的厚度应由 0.03mm 开始。检验时，先在轴承内圈端面和轴肩的整个圆周上试插几处，如发现有间隙且很均匀，说明轴承未装到位，应对轴承内圈加压使其靠紧轴肩；如果加大压力也靠不紧，说明轴颈圆角部位的圆角太大，把轴承卡住了，应修整轴颈圆角，使其变小；如果发现轴承内圈端面与轴承肩个别部位塞尺能通过，说明此时必须拆卸下来，应予以修整，重新安装。

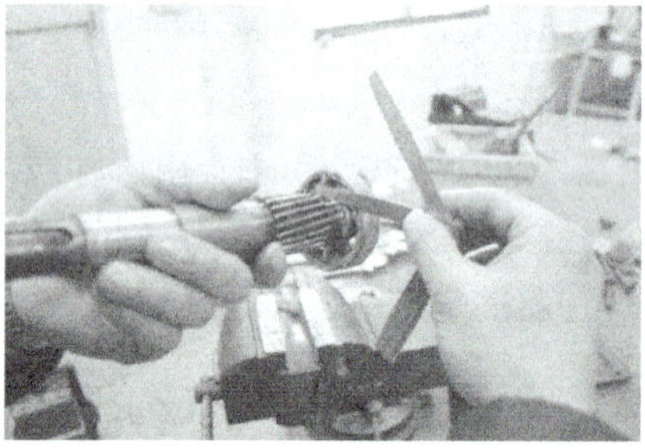
图 4-15　塞尺检验轴承与轴肩的靠紧程度

如果轴承以过盈配合安装在轴承座孔内，轴承外圈被壳体孔挡肩固定时，其外圈端面与壳体孔挡肩端面是否靠紧，安装是否正确，也可用塞尺检验。

4. 推力轴承安装后的检验

安装推力轴承时，应检验轴圈和轴中心线的垂直度。方法是将千分表固定于箱壳端面，使表的测头顶在轴承轴圈滚道上，边转动轴承，边观察千分表指针，若指针偏摆，则说明轴圈和轴中心线不垂直。箱壳孔较深时，也可用加长的千分表检验。

推力轴承在安装正确时，其座圈能自动适应滚动体的滚动，确保滚动体位于上、下圈滚道。如果装反了，不仅轴承工作不正常，且各配合面会遭到严重磨损。由于轴圈与座圈的区别不很明显，装配中应格外小心，切勿搞错。此外，推力轴承的座圈与轴承座孔之间还应留有0.2~0.5mm的间隙，用以补偿零件加工、安装不精确造成的误差，当运转中轴承套圈中心偏移时，此间隙可确保其自动调整，避免碰触摩擦，使其正常运转；否则，将引起轴承剧烈损伤。

三、溜板箱传动系统图（图4-16）

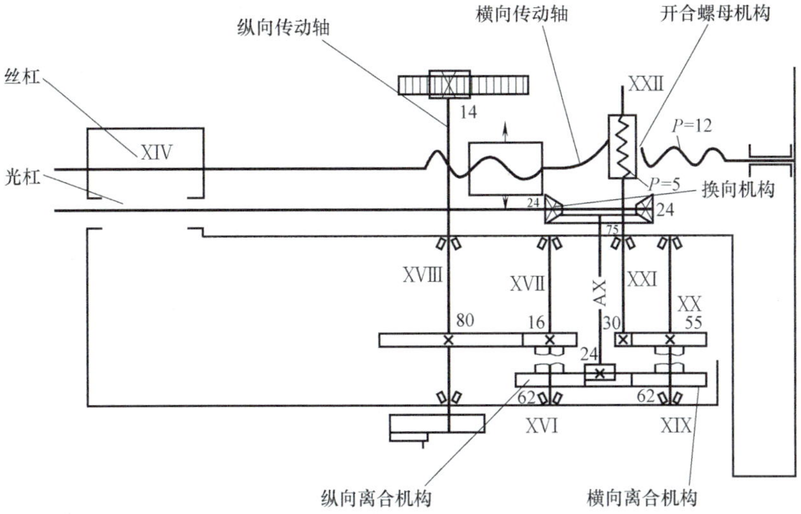

图4-16　溜板箱传动系统图

溜板箱的运动可以实现手动进给操作，此时横向与纵向离合机构处于分离状态，直接转动横向传动轴手轮即可。如要实现自动进给，只要分别合上离合机构，此时动力由光杠经换向机构传递。这里需要注意的是，由于锁定装置的作用，开合螺母无法闭合，就可避免自动进给时由于误操作而使刀架快速运动撞坏卡盘引发事故。只有当光杠换向齿轮处于中间位置，才能闭合开合螺母实现切削螺纹加工。光杠换向装置与丝杠开合装置的装配为本项目的重点内容之一。

四、溜板箱装配之前准备工作

1. 技术准备

1）熟悉图样和零件清单、装配任务。

2）检查文件和零件的完备情况。

3）选择合适的工、量具。

2. 工具准备

圆螺母扳手、锤子、木板、铝棒、圆头冲子、内六角扳手、螺钉旋具、显示剂及毛巾等。

3. 其他

用清洁布清洗零件和主轴箱内壁底端，查阅修理前精密加工件的精度。

五、零件的装配顺序及装配要点（表4-4）

表4-4 零件的装配顺序及装配要点

顺序	内容	装配工艺
1	读懂进给箱的部件装配图	弄清零件之间的装配关系，机构的运动原理及功能
2	熟悉装配方法	了解基本零件的结构装配方法，如轴承、齿轮精度的调整等
3	填写装配工艺卡	写出溜板箱的装配工艺过程
4	零件的清洗与分类	无明显锈迹及油污
5	所有零件数量、质量的检查	按图样要求检验
6	手动进给机构的装配	齿轮位置正确与轴连接可靠
7	光杠传动机构的装配	齿轮位置正确与轴连接可靠，啮合间隙合理。滑移齿轮轴滑动自如，啮合位置正确
8	丝杠传动机构的装配	螺母开合到位，无卡滞现象；锁定装置零件间相对位置正确，动作实现到位
9	自动走刀机构的装配	平面轴承与轴连接可靠，松紧圈位置正确；离合器正确啮合，啮合间隙合理
10	纵向刻度计数装置的装配	齿轮位置正确与轴连接可靠，轴套、法兰端盖安装方法正确
11	横向进给齿轮轴的装配	齿轮位置正确与轴连接可靠
12	换档与换向装置的装配	手柄连接可靠，换档滑块位置正确
13	指示牌的安装	位置正确，标识清晰
14	装配质量的总体检验	运转平稳无卡滞，实现多速输出

任务实施

由于溜板箱手动进给机构的装配、纵向刻度计数装置的装配、横向进给齿轮轴的装配、换档与换向装置的装配与之前项目有类似之处，不再复述，仅对光杠传动机构的装配、丝杠传动机构的装配这两项装配操作予以阐述，见表4-5。

表4-5 光杠及丝杠传动机构的装配

装配内容	工作过程	操作方法与要点
零件的清洗		用柴油或煤油浸泡，用毛刷清洗并擦拭干净
零件清点与质量检查		结合装配材料清单，逐项检查、记录
光杠传动机构的装配		
第一步：光杠传动机构操纵轴的装配		1. 齿轮规格、位置的检查 2. 轴表面涂润滑油 3. 注意轻拿轻放，防止碰伤轴

（续）

装配内容	工作过程	操作方法与要点
第二步：锥齿轮的装配		1. 齿轮规格、位置的检查 2. 轴表面涂润滑油 3. 平键工作面去毛刺
第三步：定位销的安装		1. 定位销注意涂油 2. 定位销安装到位
第四步：支架底座的安装		1. 零件规格、顺序、位置的检查 2. 拧紧紧定螺钉
第五步：支架上盖的安装		1. 所有零件规格、顺序、位置检查，尤其注意齿轮规格及安装位置 2. 拧紧紧定螺钉 3. 锥齿轮空心轴在支架内运动灵活，无阻滞现象

（续）

装配内容	工作过程	操作方法与要点
丝杠传动机构的装配		
第一步：光轴拨叉机构的安装		1. 轴在箱体孔内位置正确，转动自如 2. 注意涂润滑油 3. 连接销安装正确
第二步：限位销的安装		1. 限位销卡入拨叉控制轴限位槽内 2. 限位销钉上、下运动自如 3. 注意涂润滑油
第三步：八卦轮盘轴的安装		1. 轴在箱体孔内位置正确，转动自如 2. 八卦轮盘注意限位槽的位置向下 3. 注意涂润滑油
第四步：开合螺母销套的安装		1. 销套安装位置正确 2. 注意涂润滑油

（续）

装配内容	工作过程	操作方法与要点
第五步：开合螺母下半部分的装配		1. 定位销应嵌入下面的轴套孔内 2. 在燕尾槽内位置正确
第六步：开合螺母上半部分的装配		1. 检验开合螺母的开闭情况 2 定位销应嵌入上面的轴套孔内
第七步：调整垫铁的装配、调试	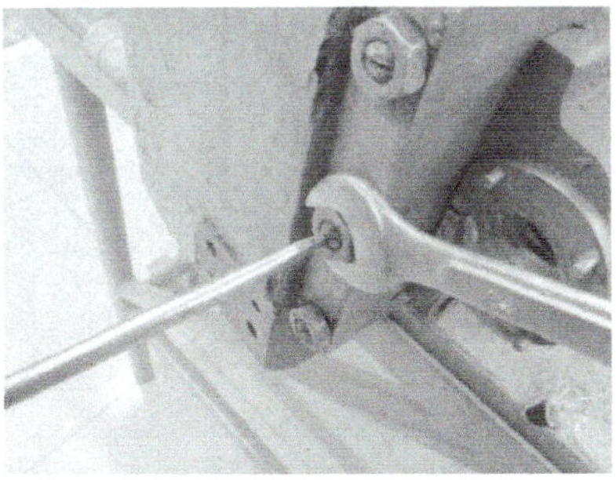	1. 调整垫铁位置、方向正确 2. 旋动调整螺钉，控制垫铁与开合螺母燕尾面接触松紧程度，开合螺母在燕尾槽内上、下运动自如，无卡滞现象
第八步：丝杠机构装配质量的检验		1. 注意功能的检查 2. 注意运动位置的检查 3. 注意操作手感的检查

任务评价

表 4-6 现场记录表

姓名：______ 学号：______

班级：______ 任务名称：______

序号	检测项目	自测	小组检测	教师检测	配分	得分
1	装配工具的正确使用				20	
2	光杠操作机构的装配				20	
3	丝杠操作机构的装配				20	
4	装配后实现功能情况				20	
5	安全文明				20	
合计						
时间	开始时间		结束时间			

知识拓展

离　合　器

离合器是主、从动部分在同轴线上传递动力或运动时，具有接合或分离功能的装置，主要包括主动部分、从动部分、压紧机构和操纵机构。

一、离合器的种类

离合器能按工作需要随时将主动轴与从动轴接合或分离，可用来操纵机器传动系统的起动、停止、变速及换向等。根据工作性质可分为以下几种。

1. 操纵式离合器

其操纵方法有机械（图 4-17）、电磁、气动和液力等，如嵌入离合器（通过牙、齿或键的嵌合传递转矩）、摩擦离合器（利用摩擦力传递转矩）、空气柔性离合器（用压缩空气胎胀缩以操纵摩擦件接合或分离）、电磁转差离合器（用激磁电流产生磁力来传递转矩）、磁粉离合器（用激磁线圈使磁粉磁化，形成磁粉链以传递转矩）。

图 4-17 机械式多片离合器

2. 自动式离合器

如图 4-18 所示，用简单的机械方法自动完成接合或分开动作，又分为安全离合器（当传递转矩达到一定值时传动轴能自动分离，从而防止过载，避免机器中重要零件的损坏）、离心离合器（当主动轴的转速达到一定值时，由于离心力的作用能使传动轴间自行连接或超过某一转速后能自行分离）、定向离合器（又称为超越离合器，利用棘轮-棘爪的啮合或滚柱、楔块的楔紧作用单向传递运动或转矩，当主动轴反转或转速低于从动轴时，离合器就自动分开）。

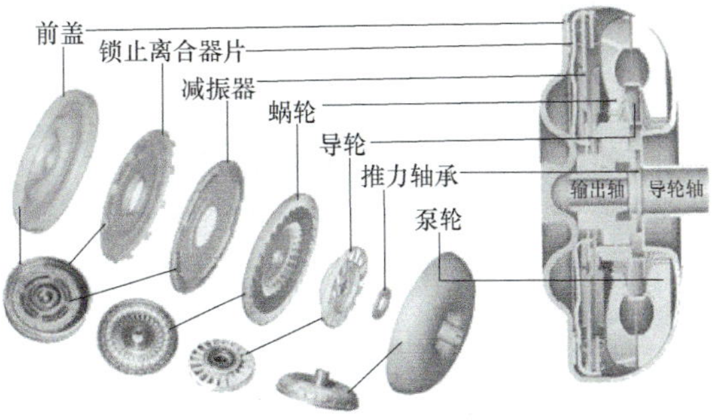

图 4-18　自动式离合器

二、离合器的装调

1. 离合器装调技术要求

1）接合和分开时动作要灵敏。

2）能传递足够的转矩。

3）工作平稳。

4）对摩擦离合器，应解决发热和磨损补偿问题。

2. 多片离合器的装调

要求装配后松开的时候间隙要是适当，如间隙太大，操纵时会压紧不够，内、外摩擦片会打滑，传递转矩不够，摩擦片也容易发热、磨损；如间隙太小，操纵压紧费力，且失去保险作用，停机时摩擦片不易脱开，严重时可导致摩擦片烧坏。

调整方法是，先将定位销 2 压入紧定螺母 1 的缺口下，然后转动紧定螺母 1 调整间隙。调整后，要使定位销插入并锁紧，以防止在工作中松脱，如图 4-19 所示。

图 4-19　多片离合器的调整

3. 单片电磁离合器的装调

单片电磁离合器与制动器属于干式工作，安装位置应勿靠近带有油污和润滑油飞溅的地方，离合器与制动器可安装在同轴或对接轴上，当安装在对接轴上时，必须保证两轴的同轴度，离合器安装后，磁轭与动盘间不得发生摩擦，但间隙不要超过 0.3～1.5mm。动盘与衔铁的间隙应保证规定尺寸。电磁离合器与链轮、对接轴的连接安装

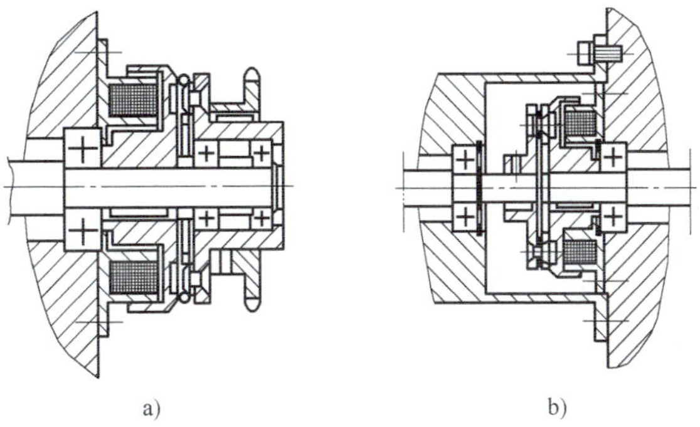

图 4-20　单片电磁离合器的装调

a）电磁离合器与链轮连接安装　b）电磁离合器与对接轴连接安装

如图 4-20 所示。

思考与练习

1. 简述光杠与丝杠转换操作的方法。
2. 简述光杠操作机构的装配要点。
3. 简述丝杠操作机构的装配要点。

项目五

卧式车床几何精度的检验与调整

项目描述

通过对卧式车床几何精度检验的任务训练，熟悉有关车床精度的项目内容，学会正确使用量具检验车床各项几何精度指标，掌握对不合格精度项目进行调整与修理的方法。

任务一　熟悉机电设备装调与卧式车床几何精度要求

任务描述

通过认识卧式车床几何精度以及对精密机用平口钳进行精度检验与调整的任务训练，熟悉机床设备的安装与调试要求、车床装配精度、几何精度有关项目的内容，初步掌握使用通用量具对相关几何精度检验与调整的方法。

知识链接

一、设备的安装要求

1）严格按照设备说明书的要求安装设备，常用设备或经常安装的设备可由使用部门组织自行安装，特种设备或技术要求高的设备由厂家指导或厂家安装。

2）设备起吊、进场的运输路线应合理考虑，门窗留孔要能容纳进厂设备通过。

3）设备安装完毕后，要做到工完料清、现场清。

4）在车间工房内部进行设备安装时，应注意不得损坏车间内部的设施及设备。

5）设备安装完后必须进行验收，并填写《设备安装验收单》，主要内容包括设备外形是否完好；备件是否齐全；检查及登记设备生产厂商的名称，设备名称、型号，生产商编号及生产日期；设备基础是否符合要求、地脚是否紧固；设备安装方向是否合理、便于操作；设备连接管道材质是否符合要求；设备安装是否符合工艺环境要求；仪器及仪表是否校验并合格等内容。

6）填写《设备安装验收单》时，要有参与验收人员和安装人员的签名和验收意见，验收单应妥善保存并归入设备档案。

二、设备的调试要求

1）新购入的设备在安装完毕后（包括动力配套设施按要求配齐），生产部门通知市场部门，由市场部门的设备采购员通知设备供货厂家到厂，共同对设备进行调试；如果设备构造比较简单或经常安装的设备，可由使用部门组织自行调试。

2）设备在调试时一定要按照说明书提供的数据资料，检查设备是否能够达到设备的设计要求。

3）空载试车合格后，设备的使用部门必须配合厂家提供生产所能达到的环境，并组织车间操作员进行学习。

4）负载试车必须严格按照生产状况进行动态的测试。

5）负载试车时设备的各项技术指标均能达到设备说明书的要求和生产能力时，方视为调试合格。

6）调试合格后，由生产部门负责组织相关部门填写《设备调试报告单》，主要包括设备运转是否平稳、有无异常声响，有无跑、冒、滴、漏现象，确认标准操作规程的适用性；空载运行的质量，设备功能的适应性、连续性、可靠性及安全性，仪器及仪表工作是否准确、可靠、安全，各机构动作是否协调、可靠等内容。

7）设备在调试期间，由使用部门负责编写《设备安全操作规程》及《维护检修规程》，由生产部门负责审定下发。

8）设备调试完毕后，关键设备由生产部门组织进行设备性能确认并填写《设备性能确认表》，主要包括空白料或代用品试生产、产品实物试生产。

9）工程项目设备由项目负责人组织生产部门、使用部门负责人对设备进行试车验收，由项目负责人组织填写《工程项目竣工验收单》。

10）工程项目设备由施工单位负责办理竣工验收移交手续，并移交完整的设备选型、安装试车及验收记录，设备合格证，质量证明书，全部设备明细、图样等手续。

11）设备调试的记录必须经相关部门负责人签字，生产部门存档保留；重要设备的调试记录交公司档案室保存。

三、装配精度

装配精度包括零部件间的配合精度和接触精度、位置尺寸精度和位置精度、相对运动精度。

零部件间的配合精度是指配合面间达到规定的间隙或过盈的要求，它影响配合性质和配合质量，已由公差和配合的相关国家标准确定。

零部件间的接触精度是指配合表面、接触表面和连接表面达到规定的接触面积大小和接触点分布的要求。

零部件间的位置尺寸精度是指零部件间的距离精度。

零部件间的位置精度是指平行度、垂直度、同轴度和各种跳动。

相对运动精度是指机器中有相对运动的零部件间在运动方向和运动位置上的精度。

装配精度和零部件精度有密切的关系，多数情况下，机器的装配精度由与它相关的若干零件、部件的加工精度决定。

四、卧式车床的精度

(1) 几何精度　几何精度是指机床在不运转时部件间的相互位置精度和主要零件的几何精度。

(2) 运动精度　运动精度是指机床以工作速度运转时主要零部件的几何位置精度。

(3) 传动精度　传动精度是指机床传动链各末端与执行件之间（如加工丝杠过程中主轴与刀架之间的传动链）运动的协调性和均匀性。

其中，机床几何精度是指机床在不运动（如主轴不转、工作台不移动等）或运动速度较低时的精度，它规定决定加工精度的各主要零部件间以及这些部件的运动轨迹相对运动的公差。一切机床都有一定的几何精度要求，常用机床已经制定了这方面的标准，按 GB/T 4020—1997《卧式车床　精度检验》规定，车床的几何精度检验包括车床导轨、溜板、主轴、尾座、顶尖、刀架、丝杠等 15 项。其中涉及溜板及主轴的主要有以下几项，以 C6136A 750mm 卧式车床为例，见表 5-1。

表 5-1　C6136A 卧式车床溜板及主轴的几何精度检验

序号	项目名称	公　差
1	主轴轴向窜动	0.01mm
2	主轴轴肩支承面的径向圆跳动	0.02mm
3	主轴定心轴承颈的径向圆跳动	0.01mm
4	主轴轴线的径向圆跳动	靠近主轴端面 0.01mm
		在 300mm 测量长度上为 0.02mm
5	主轴轴线对溜板纵向移动的平行度	在 300mm 测量长度上为 0.015mm(向前)
		在 300mm 测量长度上为 0.02mm(向上)
6	主轴顶尖的径向圆跳动	0.015mm
7	溜板移动在水平面内的直线度	0.015mm
8	尾座移动对溜板移动的平行度	水平面内 0.03mm
		垂直面内 0.03mm

任务实施

一、理论知识回顾

(一) 根据知识链接所学内容填空

1) 卧式车床的精度包括______精度、______精度、______精度三方面内容，其中几何精度包括______、______、______、______、______等 18 项内容。

2）装配精度包括零部件间的______精度和______精度、______精度和______精度及______精度等几项内容。

3）装配精度和零部件精度有密切的关系，多数情况下，机器的装配精度由与它相关的若干______、______的加工精度决定。

4）机床几何精度检验常用的量具有______、______、______、______等。

（二）填写机床几何精度项目名称及公差值（表 5-2）

表 5-2　机床几何精度项目名称及公差值

序号	项目名称	公　差　值
1		
2		
3		
4		
5		
6		
7		
8		
9		

二、精密机用平口钳精度检验与调整

第一步：熟悉精密机用平口钳的结构，如图 5-1 所示。

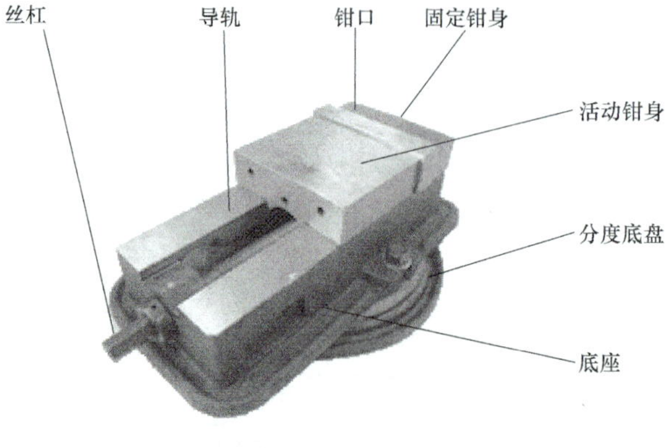

图 5-1　精密机用平口钳的结构

第二步：熟悉精密机用平口钳的精度检验项目，见表 5-3。

表 5-3　精密机用平口钳的精度检验项目

固定钳口	保证钳口与导轨平面垂直
活动钳口	1）保证钳口与导轨平面垂直 2）保证钳口与固定钳口平行 3）钳口两侧与导轨侧面平齐
调节螺母	1）保证丝杠轴向合理的窜动量 2）丝杠旋转自如

第三步：精密机用平口钳精度的检验与调整，见表 5-4。

表 5-4　精密机用平口钳精度的检验与调整

检验项目	工作过程	检验与调整方法
固定钳口与导轨平行度的检验	 	将机用平口钳置于立式铣床的工作台板，借助主轴上的百分表，调节机用平口钳的位置，使平口钳固定钳口工作表面长度方向两端的示值相等
固定钳口与导轨垂直度的检验		上下移动主轴，调节螺钉，使百分表在固定钳口工作表面上下方向的示值相等
活动钳口的检验与调整		纵向移动工作台板，使主轴上百分表的测头轻触活动钳口的工作表面，横向移动工作台板，检查活动钳口的长度方向，借助加减垫片的方法，使百分表在活动钳口长度方向的示值相等，保证两钳口工作表面平行 注：两工作表面平行度的检验与工作表面对机座垂直度的检验同步进行

（续）

检验项目	工作过程	检验与调整方法
活动钳口的检验与调整		纵向移动工作台板，使主轴上百分表的测头轻触活动钳口的工作表面，横向移动工作台板，检查活动钳口的长度方向，借助加减垫片的方法，使百分表在活动钳口长度方向的示值相等，保证两钳口工作表面平行 注：两工作表面平行度的检验与工作表面对机座垂直度的检验同步进行
丝杠轴向间隙的检验与调整	1. 部分旋开活动钳口，将百分表测头垂直置于活动钳口的工作表面 2. 前后轻推活动钳口，最大与最小示值之差即为丝杠的轴向窜动量 3. 调节紧固螺母，使示值差符合技术要求	

任务评价

表 5-5　现场记录表

姓名：________　　学号：________

班级：________　　任务名称：________

序号	检测项目	自测	小组检测	教师检测	配分	得分
1	机床精度内容的填写				10	
2	装配精度内容的填写				20	
3	机床检验量具种类的填写				10	
4	车床的几何精度				10	
5	固定钳口与导轨平行度的检验				10	
6	固定钳口与导轨垂直度的检验				10	
7	活动钳口的检验与调整				20	
8	丝杠轴向间隙的检验与调整				10	
合计						
时间	开始时间		结束时间			

思考与练习

1. 简述设备的装配要求。
2. 简述设备的调试要求。
3. 简述平行度与垂直度的检验方法。

任务二　C6136A 卧式车床几何精度的检验与调整

任务描述

车床在机械加工领域中是极为普遍的机械设备之一，在车削加工时，车床、刀具、工具、切削用量和操作工艺等因素直接影响加工精度。而在正常加工条件下进行的各项切削加工，车床本身的精度一般来说是其中最重要的因素，因此探讨车床误差对加工质量的影响是极其重要的。通过该任务的实施，能正确掌握车床精度的检验项目及调整方法。

知识链接

一、床身导轨的精度要求

床身导轨是确立车床主要部件位置和刀架运动的基准、也是总装配的基准部件，应予以重视。

1）溜板用导轨的直线度公差，在垂直平面内，全长为 0.02mm；在任意 250mm 测量长度上的局部公差为 0.0075mm，只许凸。

2）溜板用横向导轨应在同一平面内，水平仪全长的变化公差为 0.04mm/1000mm。

3）尾座移动对溜板移动的平行度公差，在垂直和水平面内全长均为 0.03mm，在任意 500mm 测量长度上的局部公差均为 0.02mm。

4）床身导轨在水平面内的直线度公差，在全长上为 0.02mm。

5）溜板用导轨与下滑面的平行度公差全长为 0.03mm，在任意 500mm 测量长度上的局部公差为 0.02mm，只许车头处厚。

6）导轨面的表面粗糙度 *Ra* 值，磨削时应不高于 1.6μm。

二、溜板的配制和安装前后压板

溜板部件是保证刀架直线运动的关键。溜板上、下导轨面分别与床身导轨和刀架下滑座配刮完成。溜板配刮步骤如下：

1）将溜板放在床身导轨上，以刀架下滑座的表面 2、3 为基准，配刮溜板横向燕尾导轨表面 5、6，如图 5-2 所示。

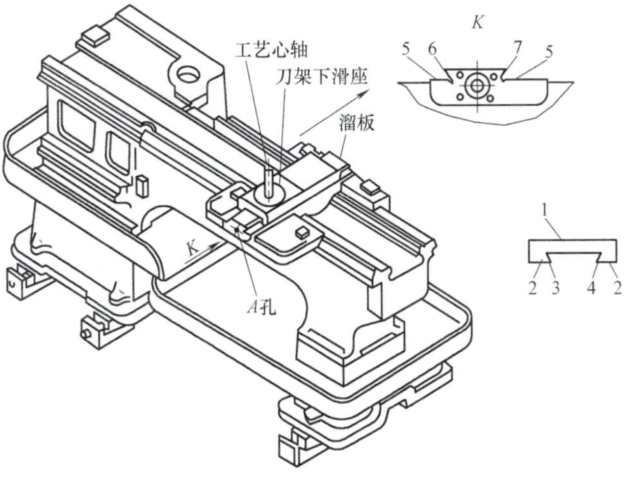

图 5-2　溜板横向燕尾导轨

表面 5、6 配刮后应满足对横向导轨与丝杠 A 孔的平行度要求，其误差在全长上不大于 0.02mm。测量方法是在 A 孔中插入检验心轴，百分表吸附在角度平尺上，分别在心轴上素线及侧素线测量其平行度误差。

2）修刮燕尾导轨表面 7，保证其与表面 6 的平行度要求，以保证刀架横向移动的顺利。可以用角度平尺或下滑座为研具的刮研。用下列方法检查：将测量圆柱放在燕尾导轨的两端，用千分尺分别在两端测量，两次测得读数差就是平行度误差，在全长上不大于 0.02mm（图 5-3）。

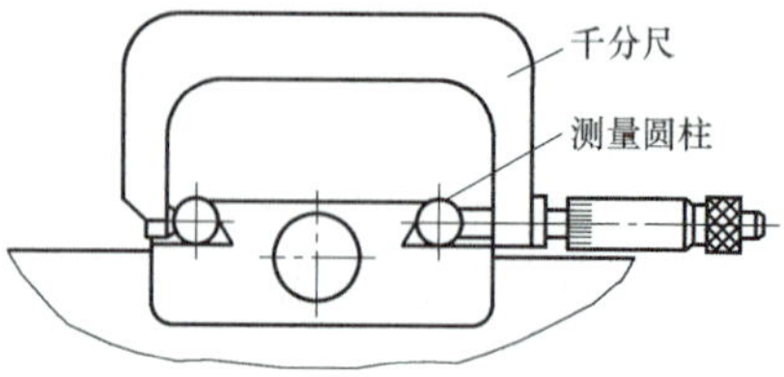

图 5-3　测量燕尾导轨

3）配镶条的目的是使刀架横向进给时有准确间隙，并能在使用过程中，不断调整间隙，保证足够的寿命。镶条按导轨和下滑座配刮，使刀架下滑座在溜板燕尾导轨全长上移动时无轻重或松紧不均匀的现象，并保证大端有 10~15mm 的调整余量。燕尾导轨与刀架下滑座配合表面之间用 0.03mm 塞尺检查，插入深度不大于 20mm。

4）配刮溜板下导轨时，以床身导轨为基准刮研溜板与床身配合的表面至接触点为 10~12 点/(25mm×25mm)，并检查溜板上、下导轨的垂直度误差。测量时，先纵向移动溜板，校正床头放的三角形直尺的一个边与溜板移动方向平行。然后将百分表移放在刀架下滑座上，沿燕尾导轨全长上向后方移动，要求百分表读数由小到大，即在每 300mm 长度上公差为 0.02mm。超过误差时，刮研溜板与床身结合的下导轨面，直至合格。

刮研溜板下导轨面达到垂直度要求的同时，还要保证溜板箱安装面在横向与进给箱、托架安装面垂直，要求公差为每 100mm 长度上为 0.03mm。在纵向与床身导轨平行，要求在溜板箱安装面全长上百分表最大读数差不得超过 0.06mm。

溜板与床身的拼装，如图 5-4 所示，主要是刮研床身的下导轨面及配刮溜板两侧的压板。保证床身上、导轨面的平行度要求，以达到溜板与床身导轨在全长上能均匀结合，平稳地移动，加工时能达到合格的表面粗糙度。

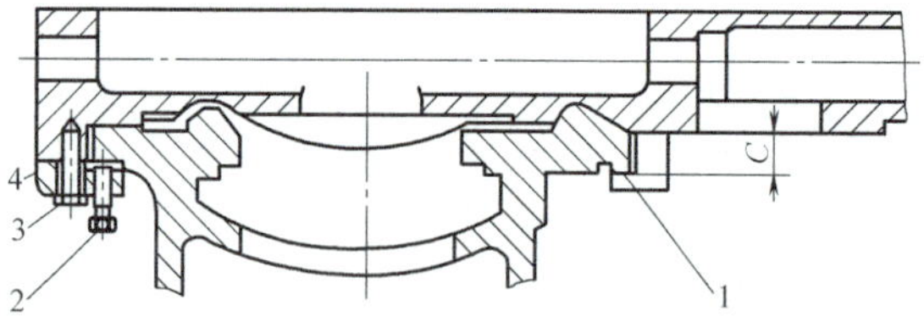

图 5-4　溜板与床身的拼装

1—导轨　2—调节螺钉　3—连接螺钉　4—塞铁

将装在两侧的压板调整到适当的配合，推开溜板，根据接触情况刮研两侧压板，要求接触点为 6~8 点/(25mm×25mm)。全部螺钉调整紧固后，用 200~300N 的力推动溜板在导轨全长上移动无阻滞现象。用 0.03mm 塞尺检查密合程度，插入深度不大于 10mm。

任务实施

主要对卧式车床进行几何精度检测，包括检测项目名称、要求、检测方法、检测示意图、调整示意图及调整方法等内容，见表 5-6。

表 5-6　普通车床的几何精度检测

检测项目名称	要求	检测方法	工作过程	调整方法	调整示意图
主轴的轴向圆跳动	不大于0.01mm	将百分表固定在机床上，使其测头垂直触及主轴定心轴颈（包括圆锥轴颈）的表面，旋转主轴，百分表的最大差值即为主轴的轴向圆跳动		松开主轴左端的锁紧螺母，调整主轴的轴向位置，使之符合装配要求	
主轴的径向圆跳动	不大于0.01mm	将千分表固定在机床上，使其测头垂直触及主轴定心轴颈（包括圆锥轴颈）的表面，旋转主轴，百分表的最大差值即为主轴的径向圆跳动		松开主轴轴瓦的锁紧螺母，调整轴瓦的轴向位置，使之符合装配要求	

（续）

检测项目名称	要求	检测方法	工作过程	调整方法	调整示意图
主轴与导轨面在水平方向上平行度的检验	上素线为0.03mm，只许上侧素线为0.015mm，只许向操作者	在主轴孔内安装好检验棒，将百分表座置于大滑板，表头水平放置，百分表测头置于检验棒内侧素线，摇动大滑板，在检验棒全长范围内观察百分表指针的变化情况，最大与最小示值差即为水平方向上的平行度误差		松开固定主轴箱的四个螺钉，轻敲主轴箱进行主轴箱的位置调整，摇动大滑板，进一步观察百分表示值变化情况，使之符合装配要求	
主轴垂直方向上平行度的检验		在主轴孔内安装好检验棒，将百分表座置于大滑板，表头水平放置，百分表测头置于检验棒最上素线，摇动大滑板，在检验棒全长范围内观察百分表指针的变化情况，最大与最小示值差即为垂直方向上的平行度误差		松开固定主轴箱的四个螺钉，在箱体底部与床身之间增加垫片，进行主轴箱的位置调整，摇动大滑板，进一步观察百分表示值变化情况，使之符合装配要求	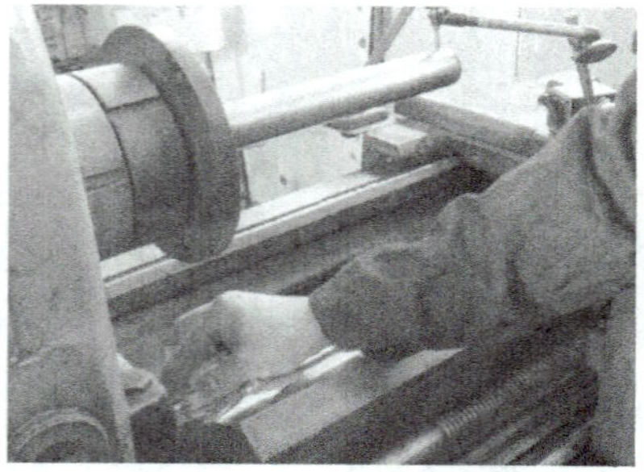

（续）

检测项目名称	要求	检测方法	工作过程	调整方法	调整示意图
尾座与主轴中心水平方向上同轴度的检验	不大于0.06mm，只许尾座高	在主轴孔与尾座孔内安装好顶尖，检验棒置于两顶尖之间，轻摇尾座手轮，将检验棒固定。将百分表座置于大滑板，表头水平放置，百分表测头置于检验棒内侧素线，摇动大滑板，在检验棒全长范围内观察百分表指针的变化情况，最大与最小示值差即为水平方向上的同轴度误差		松开尾座滑板外侧的螺钉，用螺钉旋具调整内侧螺钉，进行尾座的位置调整，摇动大滑板，进一步观察百分表示值变化情况，使之符合装配要求	
尾座与主轴中心垂直方向上同轴度的检验		在主轴孔与尾座孔内安装好顶尖，检验棒置于两顶尖之间，轻摇尾座手轮，将检验棒固定。将百分表座置于大滑板，表头垂直放置，百分表测头置于检验棒最上素线，摇动大滑板，在检验棒全长范围内观察百分表指针的变化情况，最大与最小示值差即为垂直方向上的同轴度误差		根据误差情况判别尾座中心偏高或偏低。如果偏低，只需在尾座与滑板之间增加合适垫片进行调整，也可在尾座导轨上补铜焊，使尾座高于主轴，再刮研修理；如果偏高，则需对滑板进行铲刮，摇动大滑板，进一步观察百分表示值变化情况，使之符合装配要求	

任务评价

表 5-7 现场记录表

姓名：________ 学号：________
班级：________ 项目名称：________

安全、文明生产	安全规范	好 □	一般 □	差 □
	刀具、工具、量具的放置合理	合理 □		不合理 □
	正确使用量具	好 □	一般 □	差 □
	工具操作规范	好 □	一般 □	差 □
	拆装工艺顺序	合理 □		不合理 □
	发生重大安全事故、严重违反操作规程者取消成绩	事故状态：		
	备注			
规范操作	1. 主轴的轴向圆跳动			
	操作方法	规范 □		不规范 □
	调整方法	规范 □		不规范 □
	2. 主轴的径向圆跳动			
	操作方法	规范 □		不规范 □
	调整方法	规范 □		不规范 □
	3. 主轴水平方向上平行度的检验			
	操作方法	规范 □		不规范 □
	调整方法	规范 □		不规范 □
	4. 主轴垂直方向上平行度的检验			
	操作方法	规范 □		不规范 □
	调整方法	规范 □		不规范 □
	5. 尾座与主轴中心水平方向上同轴度的检验			
	操作方法	合格（）处		不合格 □
	调整方法			
	6. 尾座与主轴中心垂直方向上同轴度的检验			
	操作方法			
	调整方法			
时间	开始时间		结束时间	

知识拓展

切 削 精 度

一、切削精度的检验

机床的切削精度又称动态精度，是一项综合精度，它不仅反映了机床的几何精度和位置精度，同时还包括了试件的材料、环境温度、数控机床刀具性能以及切削条件等各种因素造成的误差和计量误差。为了反映机床的真实精度，要尽量排除其他因素的影响。按机床厂规定的条件，如试件材料、刀具技术要求、主轴转速、背吃刀量、进给速度、环境温度以及切削前的机床空运转时间等，切削精度检验可分单项加工精度检验和加工一个标准的综合性试件精度检验两种。被切削加工试件的材料除特殊要求外，一般都采用一级铸铁，使用硬质合金刀具按标准的切削用量切削。

对于普通立式加工中心来说，其主要单项加工有以下几项：①镗孔精度；②端面铣刀铣削平面的精度；③镗孔的孔距精度和孔径分散度；④直线铣削精度；⑤斜线铣削精度；⑥圆弧铣削精度。

二、几何精度对加工精度的影响

1）床身导轨在垂直平面内的直线度　该误差导致刀尖的径向摆动，引起工件母线的直线度误差，同样使工件产生圆柱度误差。

2）溜板移动在水平面内的直线度　车内、外圆刀具在纵向移动的过程中前后摆动，会引起工件母线的直线度误差，同样使工件产生圆柱度及锥度误差。

3）主轴与尾座两顶尖的等高度　用前后顶尖支承车外圆时，刀具移动轨迹与工件旋转轴线间将产生平行度误差，影响工件母线的直线度，如用装在尾座套筒锥孔上的孔加工刀具进行钻扩铰孔时，刀具轴线与工件旋转轴线将产生同轴度误差（平行偏移），会引起被加工孔径扩大。

三、经典案例

案例一：主轴的轴向窜动量过大

造成结果：

1）加工螺纹时产生螺距误差。

2）车床车削时，会使被加工零件端面产生轴向圆跳动误差。

3）产生深度方向尺寸的加工误差。

4）接刀痕不平。

案例二：主轴锥孔径向圆跳动

造成结果：

1）在镗孔过程中，主轴有纯径向圆跳动误差时，那么镗出的孔将是椭圆形的，产生的误差为圆度误差。

2）对于车削加工，主轴径向圆跳动主要影响加工件的同轴度误差。

案例三：机床运动切削时，机床导轨反向间隙过大

造成结果：

1）圆弧铣削时，产生过切刀痕。

2）周铣工件时，工件相对的两面不平行。

思考与练习

1. 简述机床主轴装配精度检验项目。
2. 讲述主轴水平、垂直方向上平行度检验后的调整方法。

参考文献

[1] 李文渊. 机械常识与钳工实训 [M]. 北京：机械工业出版社，2012.
[2] 王猛，崔陵. 机械常识与钳工实训 [M]. 北京：高等教育出版社，2010.
[3] 李智勇，谢玉莲. 机械装配技术基础 [M]. 北京：科学出版社，2009.
[4] 夏宇平，徐刚. 机电设备装调技术基础 [M]. 北京：清华大学出版社，2014.